えっ！とおどろき、クスッと笑《わら》える

# 昆《こん》虫《ちゅう》戯《ぎ》画《が》

## びっくり雑《さつ》学《がく》事《じ》典《てん》


丸山宗利 文
じゅえき太郎 漫画

大泉書店

# はじめに

昆虫《こんちゅう》にはとにかくたくさんの仲間《なかま》がいます。
知《し》られているだけでも世界《せかい》で１００万種《まんしゅ》という数《かず》です。
日本《にほん》だけで３万種《まんしゅ》もいて、まだまだたくさんの新種《しんしゅ》が見《み》つかります。
それらの昆虫《こんちゅう》はそれぞれにちがった姿《すがた》をしていて、
ちがった生活《せいかつ》をおくっています。
自然《しぜん》は厳《きび》しく、寒《さむ》かったり、暑《あつ》かったりするだけでなく、
敵《てき》がいっぱいいて、生《い》きていくのはとてもたいへんです。
昆虫《こんちゅう》たちは生《い》き抜《ぬ》くためにいろいろな方法《ほうほう》を使《つか》っています。

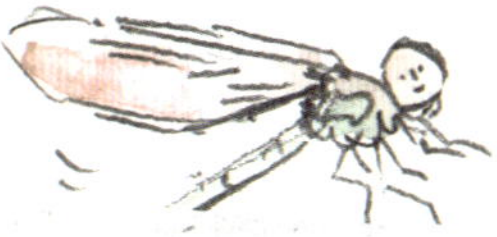

昆虫《こんちゅう》の姿《すがた》や生活《せいかつ》のちがいは、その方法《ほうほう》のちがいのあらわれです。

それら昆虫《こんちゅう》の生《い》きていく方法《ほうほう》には、人間《にんげん》に重《かさ》ねてみると、

クスッと笑《わら》ってしまうような面白《おもしろ》いものもあります。

この本《ほん》ではそのような話題《わだい》をたくさん紹介《しょうかい》しています。

もちろん、ちょっとマヌケに見《み》えてしまうような生《い》き方《かた》にも意味《いみ》があって、

何百万年《なんびゃくまんねん》、何千万年《なんぜんまんねん》という進化《しんか》の過程《かてい》で昆虫《こんちゅう》が身《み》につけたものです。

そのなかには、人間《にんげん》が見習《みなら》うようなこともたくさんありますし、

昆虫《こんちゅう》にたくさんの仲間《なかま》がいるからこそ、見《み》つかった現象《げんしょう》ともいえます。

この本《ほん》を通《つう》じて昆虫《こんちゅう》の世界《せかい》の奥深《おくぶか》さを知《し》ってもらえたらうれしいです。

丸山宗利（昆虫学者）

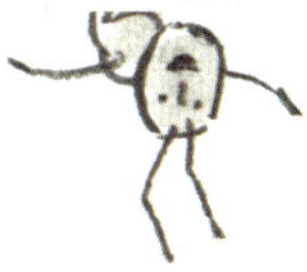

※本文中《ほんもんちゅう》、各《かく》ページの虫《むし》のシルエットは、ほぼ実際《じっさい》の大《おお》きさです。

# 第《だい》2章《しょう》

# 第《だい》3章《しょう》 嫌《きら》われ虫《むし》の意外《いがい》な一面《いちめん》

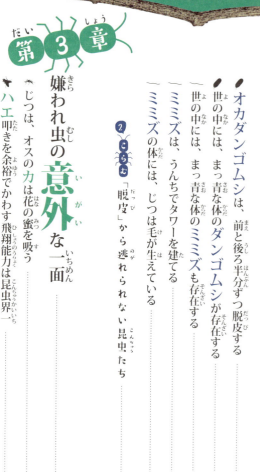

# 第《だい》4章《しょう》

序《じょ》章《しょう》

# 昆《こん》虫《ちゅう》ってなに？

身近《みぢか》にいすぎて考《かんが》えたことも

なかったけれど、昆虫《こんちゅう》って

いったいどんな生《い》き物《もの》なんだろう？

虫《むし》と昆虫《こんちゅう》はどうちがう？

# 昆虫《こんちゅう》は、この星《ほし》で大成功《だいせいこう》している生《い》き物《もの》です

人間《にんげん》のすぐそばにいて、私《わたし》たちよりずいぶんと小《ちい》さくて、ありふれた生《い》き物《もの》。昆虫《こんちゅう》の一般的《いっぱんてき》なイメージはそんなところでしょう。しかし、昆虫《こんちゅう》はこの地球上《ちきゅうじょう》でダントツに繁栄《はんえい》している生《い》き物《もの》だということを忘《わす》れてはなりません。

昆虫《こんちゅう》は、知《し》られている限《かぎ》り、全動物種《ぜんどうぶつしゅ》の7割《わり》以上《いじょう》を占《し》めるという圧倒的《あっとうてき》な多様性《たようせい》をほこっています。現在確認《げんざいかくにん》されているだけでも約《やく》100万種《まんしゅ》。未確認《みかくにん》だけれども、実際《じっさい》に存在《そんざい》する種数《しゅすう》は300万《まん》~500万種《まんしゅ》とも推定《すいてい》されています。そして、数《かず》でいってもやはり昆虫《こんちゅう》が生物《せいぶつ》の中《なか》で圧倒的《あっとうてき》に多《おお》いのです。そう考《かんが》えると、逆《ぎゃく》に1種《しゅ》でこれだけ繁栄《はんえい》している私《わたし》たち人間《にんげん》は変《か》わった存在《そんざい》なのでしょう。

アハハハハ
イエーイ！

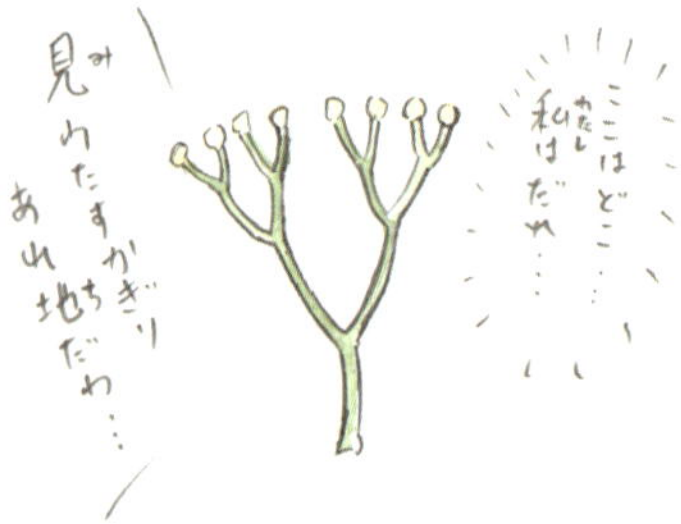


### 3.8 億年前《おくねんまえ》

**せきつい動物《どうぶつ》の上陸《じょうりく》**

海《うみ》の中《なか》は生《い》き物《もの》であふれかえっていた。一方《いっぽう》、陸地《りくち》には、えさになる昆虫《こんちゅう》がすでにたくさんいたため、敵《てき》から逃《のが》れた魚《さかな》が上陸《じょうりく》する。

### 4.7 億年前《おくねんまえ》

**植物《しょくぶつ》の上陸《じょうりく》**

乾燥《かんそう》して生《い》き物《もの》がまったくいないあれた陸地《りくち》に、植物《しょくぶつ》（藻類《そうるい》）が上陸《じょうりく》。植《しょく》物《ぶつ》が地面《じめん》をおおうと、地面《じめん》はしめり気《け》を保《たも》つようになり、やがて土《つち》ができる。

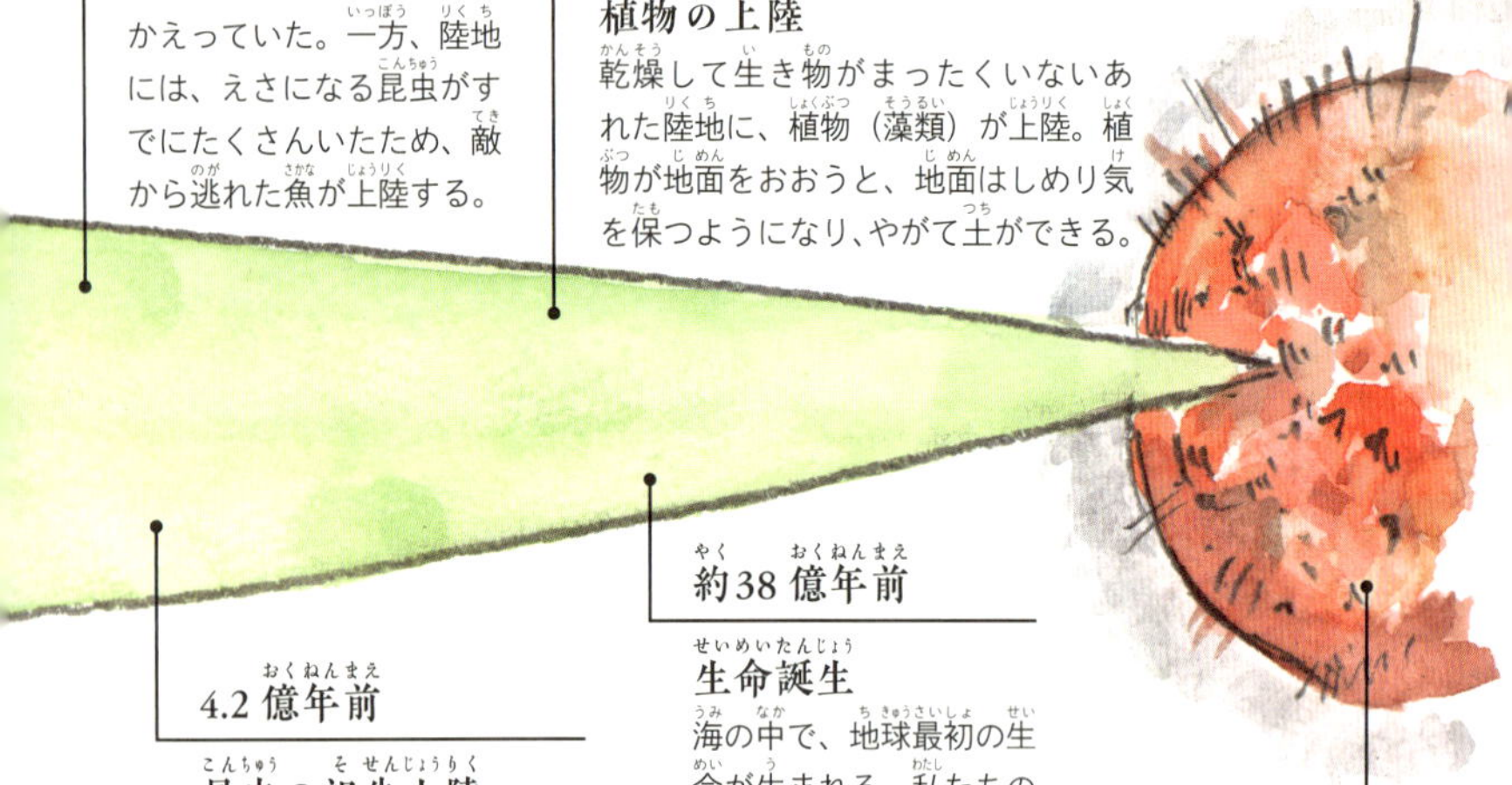

### 約《やく》38 億年前《おくねんまえ》

**生命誕生《せいめいたんじょう》**

海《うみ》の中《なか》で、地球最初《ちきゅうさいしょ》の生《せい》命《めい》が生《う》まれる。私《わたし》たちの目《め》には見《み》えないほど小《ちい》さく、簡単《かんたん》なつくりの生《い》き物《もの》だった。

### 4.2 億年前《おくねんまえ》

**昆虫《こんちゅう》の祖先上陸《そせんじょうりく》**

植物《しょくぶつ》が上陸《じょうりく》して土《つち》ができ、かくれる場所《ばしょ》もできた地上《ちじょう》に、昆虫《こんちゅう》の祖先《そせん》となる節足《せっそく》動物《どうぶつ》が上陸《じょうりく》する。

### 約《やく》46 億年前《おくねんまえ》

**地球《ちきゅう》の誕生《たんじょう》**

惑星《わくせい》がぶつかって誕生《たんじょう》した地球《ちきゅう》。あちこちで火山《かざん》が噴火《ふんか》し、それがおさまると、陸地《りくち》と海《うみ》ができる。

400万年前《まんねんまえ》

**人類《じんるい》の祖先誕生《そせんたんじょう》**

地球《ちきゅう》に最初《さいしょ》の生命《せいめい》が誕生《たんじょう》してから37億年以上《おくねんいじょう》もたって、人類《じんるい》の祖先《そせん》が現《あらわ》れる。

2.5億年前《おくねんまえ》

**恐竜《きょうりゅう》の登場《とうじょう》**

は虫類《ちゅうるい》が大繁栄《だいはんえい》し、恐竜《きょうりゅう》が現《あらわ》れる。

3.5億年前《おくねんまえ》

**昆虫《こんちゅう》の空中進出《くうちゅうしんしゅつ》**

地上《ちじょう》には昆虫《こんちゅう》を食《た》べる動物《どうぶつ》がたくさんいたので、はねを手《て》に入《い》れた昆虫《こんちゅう》は、空《そら》へと進出《しんしゅつ》する。

## 地球史上《ちきゅうしじょう》、いちばん早《はや》く陸地《りくち》にあがった生《い》き物《もの》は、昆虫《こんちゅう》の祖先《そせん》です

数《かず》でいうと地球《ちきゅう》ナンバーワンの座《ざ》に輝《かがや》く昆虫《こんちゅう》ですが、じつはそれだけではありません。

地球《ちきゅう》に生命《せいめい》が誕生《たんじょう》したのは太古《たいこ》の海《うみ》の中《なか》。それは非常《ひじょう》に小《ちい》さく単純《たんじゅん》なつくりの生《い》き物《もの》でした。その後《ご》の地球《ちきゅう》の歴史《れきし》のなかで、さまざまな生《い》き物《もの》が生《う》まれてはほろんでいくなか、昆虫《こんちゅう》の祖先《そせん》となる節足動物《せっそくどうぶつ》はまっ先《さき》に陸《りく》にあがり生活《せいかつ》の場《ば》を広《ひろ》げました。その上《うえ》、昆虫《こんちゅう》は、空《そら》という新《あたら》しい空間《くうかん》へ最初《さいしょ》に進出《しんしゅつ》していきました。

頭部《とうぶ》
はね（4枚《まい》）
腹部《ふくぶ》
胸部《きょうぶ》
脚《あし》（6本《ぽん》）
人間《にんげん》とはいろいろちがうぜ！

例外《れいがい》もあるけどね.
ハエの翅《はね》は2枚《まい》っす

あれ・・
虫《むし》ってこんな顔《かお》ついてたっけ？

だって君《きみ》らは僕《ぼく》が描《か》いたキャラクターだもん

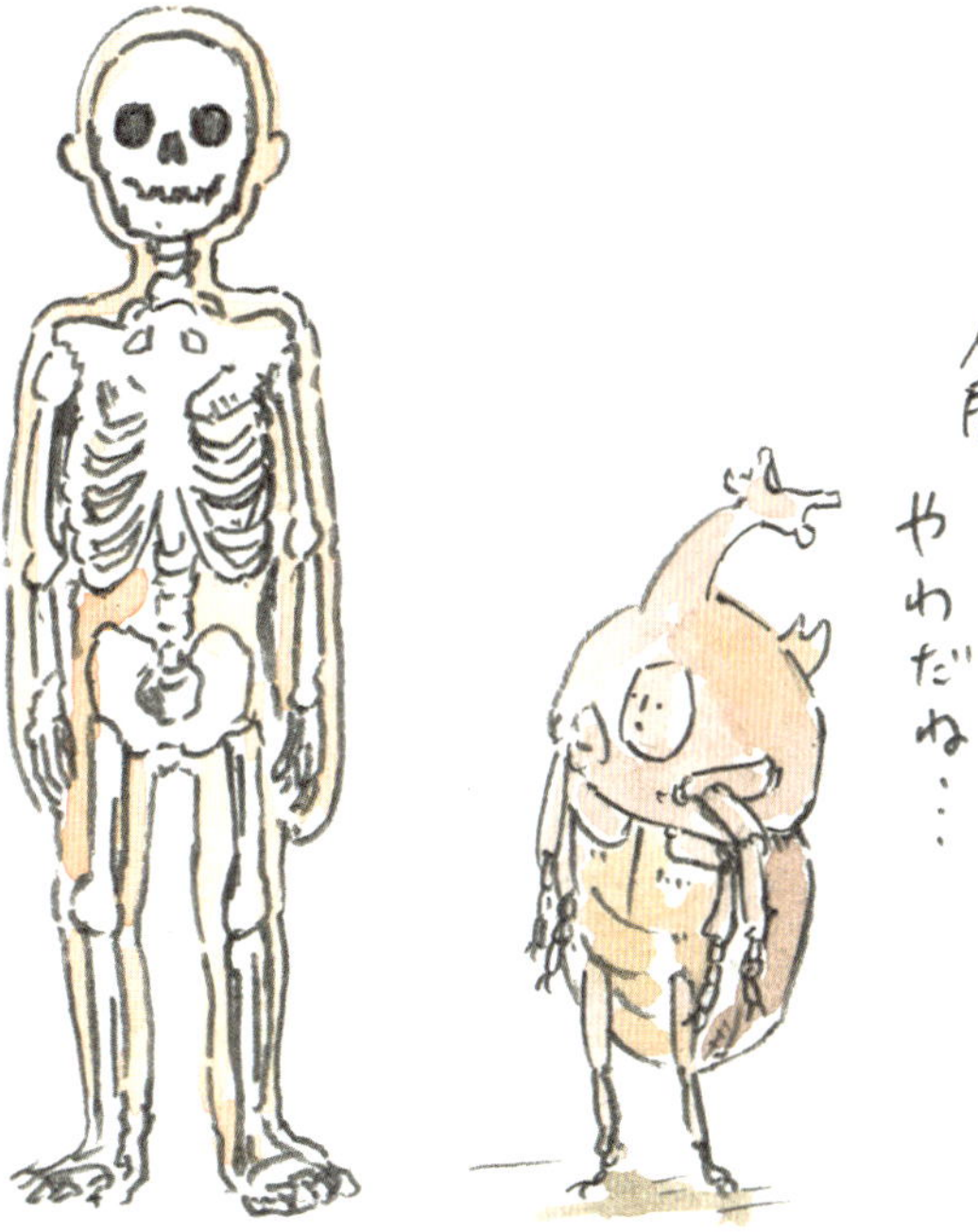


## 昆虫《こんちゅう》ってどんな生《い》き物《もの》？

「6本脚《ぽんあし》で4枚《まい》のはねをもち、体《からだ》が頭部《とうぶ》・胸部《きょうぶ》・腹部《ふくぶ》の3つに分《わ》かれている生《い》き物《もの》」、それが昆虫《こんちゅう》です。そして、エビやカニなどと同《おな》じ節足動物《せっそくどうぶつ》で、硬《かた》い殻《から》に包《つつ》まれています。人間《にんげん》の骨格《こっかく》は体内《たいない》にありますが、節足《せっそく》動物《どうぶつ》の骨格《こっかく》は体《からだ》の外側《そとがわ》をおおう硬《かた》い殻《から》です。

また、飛《と》ぶことができるのも昆虫《こんちゅう》の大《おお》きな特徴《とくちょう》で、節足動物《せっそくどうぶつ》で空《そら》を自由《じゆう》に飛《と》ぶことができるのは昆虫《こんちゅう》だけです。さらに、鳥《とり》やコウモリの翼《つばさ》は前脚《まえあし》が変化《へんか》したもので、歩《ある》く能力《のうりょく》が制限《せいげん》されますが、昆虫《こんちゅう》のはねは、硬《かた》い殻《から》の一部《いちぶ》が薄《うす》い膜状《まくじょう》に変化《へんか》したもので、多《おお》くの昆虫《こんちゅう》は歩行能力《ほこうのうりょく》を失《うしな》ってはいません。昆虫《こんちゅう》はこうした特徴《とくちょう》を獲得《かくとく》し、さまざまな環境《かんきょう》でくらせるようになったのです。

# 昆虫《こんちゅう》と虫《むし》はどうちがう？

昆虫《こんちゅう》とは、「6本脚《ぼんあし》で4枚《まい》のはねをもち、体《からだ》が頭部《とうぶ》・胸部《きょうぶ》・腹部《ふくぶ》の3つに分《わ》かれている生《い》き物《もの》」です。では、脚《あし》がたくさんあるダンゴムシは？　脚《あし》がないカタツムリも「虫《むし》」っていうけど？　昆虫《こんちゅう》と虫《むし》はちがうのでしょうか。

まだ学問《がくもん》が一般的《いっぱんてき》でなかった江《え》戸時代《どじだい》ごろまで、生《い》き物《もの》はきちんとした分類《ぶんるい》をされていませんでした。「昆虫《こんちゅう》」という言葉《ことば》はまだなく、ほ乳類《にゅうるい》と鳥《とり》、魚以外《さかないがい》の小《ちい》さい生《い》き物《もの》をさす言葉《ことば》に「虫《むし》（正確《せいかく》には蟲《むし》）」がありました。ヘビやカ

エル、ミミズにカタツムリ、エビやカニなどが虫《むし》と呼《よ》ばれていました。そのうち、生《い》き物《もの》を分類《ぶんるい》する言葉《ことば》が必要《ひつよう》になって「昆虫《こんちゅう》」という言葉《ことば》が生《う》まれたのです。

今《いま》でもそのころの名残《なごり》で「虫《むし》」という言葉《ことば》は使《つか》われています。脚《あし》が6本《ぽん》以上《いじょう》あるムカデ（多足類《たそくるい》）やダンゴムシ（甲殻類《こうかくるい》）、それからカタツムリ（軟体類《なんたいるい》）もふくめ、身近《みぢか》な小《ちい》さい生《い》き物《もの》のことを「虫《むし》」と呼《よ》んでいます。

この本《ほん》では、生物学的《せいぶつがくてき》な分類《ぶんるい》の「昆虫《こんちゅう》」に限《かぎ》らず、そうした身近《みぢか》な「虫《むし》」のいろいろなお話《はなし》を紹介《しょうかい》しています。

# 人気《にんき》虫《むし》・強《つよ》い虫《むし》の
# トホホな
# 一面《いちめん》

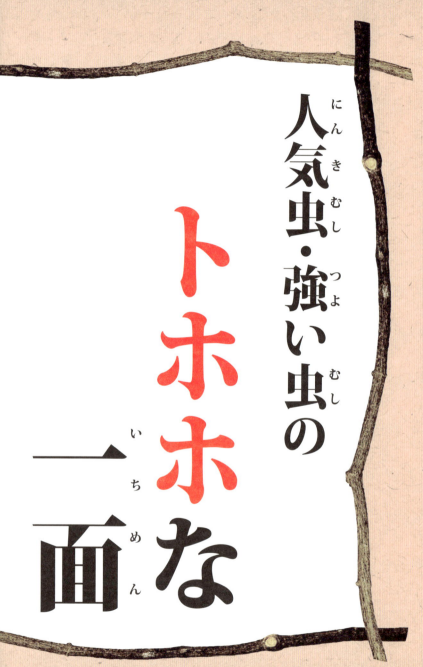

# 第《だい》1章《しょう》

かんぺきな人間《にんげん》がいないように、

かんぺきな虫《むし》もいない。

どこかぬけているぐらいが、

ちょうどいいのだ。

# アリの巣《す》には、アリ以外《いがい》の生物《せいぶつ》が勝手《かって》に同居《どうきょ》している

アリの巣《す》には、アリヅカコオロギやハネカクシ、シジミチョウの幼虫《ようちゅう》など、**ほかの昆虫《こんちゅう》もくらしています**。彼《かれ》らはアリの幼虫《ようちゅう》を食《た》べたり、えさをぬすんだりと、アリにとって**めいわくな存在《そんざい》**。

しかし、アリは彼《かれ》らを家族《かぞく》だとかんちがいしていて、**めったに気《き》がつきません**。

そもそも、まっ暗《くら》な巣《す》の中《なか》、アリたちはどうやって仲間《なかま》どうしでやりとりをしているのでしょう。じつは、さまざまな化学物質《かがくぶっしつ》や音《おと》を体《からだ》から出《だ》して、それを言《こと》葉《ば》のように使《つか》っています。アリの巣《す》にすむ昆虫《こんちゅう》たちは、アリの出《だ》すその言葉《ことば》をまねているのです。暗《くら》い部屋《へや》で、家族《かぞく》の声《こえ》だと思《おも》って安心《あんしん》していたら他人《たにん》だったというわけ。ちょっぴりホラーです。

虫紹介

**クロヤマアリ（黒山蟻）**

北海道《ほっかいどう》から九州《きゅうしゅう》に分布《ぶんぷ》し、日《ひ》あたりのよい土《つち》の中《なか》に巣《す》を作《つく》る。働《はたら》きアリの大《おお》きさは6ミリほどで、絹《きぬ》のような白《しろ》っぽい光沢《こうたく》がある。

# なかには、働《はたら》かない「働《はたら》きアリ」がいる

アリの巣《す》にはたくさんの働《はたら》きアリがいて、それぞれさまざまな役職《やくしょく》についています。外《そと》で食《た》べ物《もの》をとってくる役《やく》、巣《す》の工事《こうじ》をする役《やく》、幼虫《ようちゅう》の世話《せわ》をする役《やく》。ふつう、年《とし》をとったアリが外《そと》へ行《い》く役《やく》となり、ときに敵《てき》と戦《たたか》うなどの危険《きけん》な役目《やくめ》も負《お》います。若《わか》いアリは幼虫《ようちゅう》の世話《せわ》など、簡単《かんたん》な室内《しつない》作業《さぎょう》から修行《しゅぎょう》します。

そんななか、**働《はたら》かないことが仕《し》事《ごと》の、働《はたら》かないアリ**がいます。いざ巣《す》に危険《きけん》がせまって、**欠員《けついん》が出《で》たときこそが彼《かれ》らの力《ちから》の見《み》せどころ**。ヒトの社会《しゃかい》にも「なんかあったら働《はたら》くから、今《いま》は休《やす》んどくね」という余裕《よゆう》がほしいものです。

虫紹介

**カドフシアリ（角節蟻）**
北海道《ほっかいどう》から九州《きゅうしゅう》まで広《ひろ》く分布《ぶんぷ》する3ミリ程度《ていど》のアリで、森《もり》の中《なか》の倒木《とうぼく》や石《いし》の下《した》に生息《せいそく》する。ずんぐりしてゴツゴツしたアリ。

# ヒラズオオアリには、フタ役《やく》という切《せつ》ない役《やく》がある

アリの巣《す》は、鳥《とり》やケモノに崩《くず》されるとひとたまりもありません。しかし、入《い》り口《ぐち》から入《はい》りこむ昆虫《こんちゅう》などの敵《てき》に対《たい》しては守《まも》りがかたく、決《けっ》して簡単《かんたん》には通《とお》さないのです。

働《はたら》きアリにはさまざまな役割《やくわり》がありますが、なんとも切《せつ》ないのが、ヒラズオオアリのフタ役《やく》です。フタ役《やく》は**巣《す》の入《い》り口《ぐち》と同《おな》じ幅《はば》の頭《あたま》をもち**、頭《あたま》を動《うご》かすことによって**門《もん》番《ばん》のように巣《す》の入《い》り口《ぐち》を開閉《かいへい》**し、敵《てき》の侵入《しんにゅう》を防《ふせ》いでいます。学芸会《がくげいかい》にたとえるなら、背景《はいけい》の石《いし》のように地味《じみ》な役《やく》ですが、巣《す》の安全《あんぜん》を守《まも》る大事《だいじ》な役《やく》。ひとつの巣《す》に**数匹《すうひき》しかいない、選《えら》ばれしアリ**なのです。

虫紹介

**ヒラズオオアリ（平頭大蟻）**

本州《ほんしゅう》から九州《きゅうしゅう》で見《み》られ、木《き》に穴《あな》をあけて巣《す》を作《つく》る。5ミリ程度《ていど》のアリで、仲間《なかま》が触角《しょっかく》でフタ役《やく》に触《ふ》れると、入《い》り口《ぐち》が開《ひら》く。

# クロナガアリの巣《す》は、地《ち》下《か》4メートルにもおよぶ

アリといえば、ほかの昆虫《こんちゅう》を食《た》べるとか、甘《あま》い蜜《みつ》が好《す》きというイメージがあります。しかし、なかには植物《しょくぶつ》の種子《しゅし》だけを食《た》べるものがいて、日本《にほん》にも1種《しゅ》だけ生息《せいそく》しています。

クロナガアリというアリで、彼《かれ》らはとても**深《ふか》い巣穴《すあな》**を掘《ほ》ります。そして春先《はるさき》や実《みの》りの秋《あき》になると種子《しゅし》を**最深部《さいしんぶ》に運《はこ》んで蓄《たくわ》える**のです。そこは地下《ちか》4メートルにもおよび、湿度《しつど》や温度《おんど》が安定《あんてい》しているため、**種子《しゅし》は決《けっ》して芽《め》を出《だ》しません**。

その昔《むかし》、外国《がいこく》で遺跡発掘調査《いせきはっくつちょうさ》のときにたくさんの種子《しゅし》が見《み》つかり、古代《こだい》の人《ひと》の食料《しょくりょう》が発見《はっけん》されたと騒《さわ》がれたその後《ご》、じつはクロナガアリの仲間《なかま》の食料《しょくりょう》だったと判明《はんめい》したこともありました。

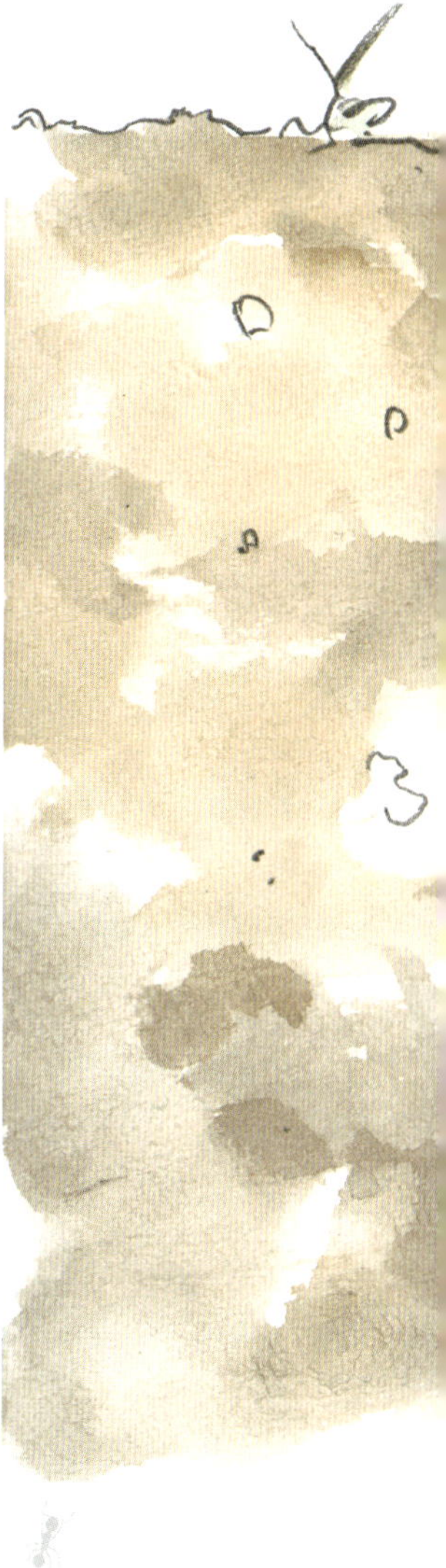

虫紹介

**クロナガアリ（黒長蟻）**

5ミリほどのアリで、本州《ほんしゅう》から九州《きゅうしゅう》にかけての草原《そうげん》や空《あ》き地《ち》に好《この》んで生息《せいそく》する。早春《そうしゅん》と晩秋《ばんしゅう》の肌寒《はだざむ》い時期《じき》に活動《かつどう》し、夏《なつ》の暑《あつ》い時期《じき》には涼《すず》しい巣《す》の中《なか》で過《す》ごす。

# クロヤマアリは、奴隷《どれい》にされたのに、やけに聞《き》き分《わ》けが良《よ》い

奴《ど》隷《れい》制度《せいど》というと人間界《にんげんかい》の卑《いや》しき罪《つみ》だと思《おも》うかもしれませんが、じつは昆虫界《こんちゅうかい》にもそれはあるのです。とくにアリの仲間《なかま》ではそれが顕著《けんちょ》で、いろいろなアリの種間《しゅかん》で観察《かんさつ》されています。

日本《にほん》でいちばん有名《ゆうめい》なのはサムライアリの例《れい》です。サムライアリはクロヤマアリの巣《す》に集団《しゅうだん》で侵入《しんにゅう》し、**激闘《げきとう》の末《すえ》に蛹《さなぎ》をうばい、巣《す》へ持《も》ち帰《かえ》ります**。そしてサムライアリの巣《す》で成虫《せいちゅう》となったクロヤマアリは、そこを自分《じぶん》の巣《す》だと信《しん》じこみ、**サムライアリのために働《はたら》く**のです。一方《いっぽう》のサムライアリはえさから幼虫《ようちゅう》の世話《せわ》まで、クロヤマアリに任《まか》せっぱなしで楽《らく》ちんです。

虫紹介

**サムライアリ（侍蟻）**

北海道《ほっかいどう》から九州《きゅうしゅう》の平地《へいち》から低山地《ていさんち》の開《ひら》けた環境《かんきょう》に生息《せいそく》。5ミリ程度《ていど》で、大《おお》あごは鎌状《かまじょう》になっている。目《め》にする機会《きかい》は多《おお》くない。

# クロオオアリは、チョウの幼虫《ようちゅう》にだまされている

アリの巣《す》には、女王《じょおう》アリと働《はたら》きアリがいますが、繁殖《はんしょく》の時期《じき》になるとオスのアリが羽化《うか》します。彼《かれ》らの役目《やくめ》は、ほかの巣《す》の新女王《しんじょおう》と交尾《こうび》すること。巣《す》を飛《と》び出《だ》すときは厳密《げんみつ》に決《き》まっているので、それまで待機《たいき》します。しかし、交尾《こうび》だけが自分《じぶん》の役割《やくわり》なのでえさをとることができず、**働《はたら》きアリに世話《せわ》をしてもらいます。**

ところで、クロオオアリの巣《す》には、働《はたら》きアリに育《そだ》ててもらうクロシジミというチョウの幼虫《ようちゅう》がいるのですが、最近面白《さいきんおもしろ》い事実《じじつ》が判明《はんめい》しました。幼虫《ようちゅう》は、**オスのアリと似《に》た化学物質《かがくぶっしつ》を出《だ》して働《はたら》きアリをだまし**、世話《せわ》をさせていたのです。

虫紹介

**クロオオアリ（黒大蟻）**

北海道《ほっかいどう》から九州《きゅうしゅう》の平地《へいち》に生息《せいそく》し、草原《そうげん》や公園《こうえん》などの開《ひら》けた環境《かんきょう》を好《この》む。都市部《としぶ》で見《み》つかる大《おお》きなアリはほとんどこれである。

# バクダンオオアリには、味方《みかた》を守《まも》るとんでもなく捨《す》て身《み》の技《わざ》がある

あらゆる生物《せいぶつ》の生《い》きる意味《いみ》は自分《じぶん》の遺伝子《いでんし》を残《のこ》すことです。交尾《こうび》や産卵《さんらん》をしたら死《し》んでしまう昆虫《こんちゅう》も多《おお》く、種子《しゅし》を落《お》として枯《か》れる植物《しょくぶつ》も少《すく》なくありません。それだけ繁殖《はんしょく》は大事《だいじ》なのです。

しかし、働《はたら》きアリは、卵《たまご》を産《う》まないのがふつうです。彼《かれ》らは、自《じ》分《ぶん》と同《おな》じ巣《す》でくらすほかのアリのために巣《す》を守《まも》って生《い》きています。その理由《りゆう》は多少《たしょう》なりとも自分《じぶん》と遺《い》伝子《でんし》を共有《きょうゆう》しているからです。

その最《さい》たるものはバクダンオオアリです。敵《てき》が巣《す》を訪《おとず》れると、粘《ねん》液《えき》のつまった腹《はら》を爆発《ばくはつ》させ、敵《てき》の動《うご》きを封《ふう》じます。**そして自分《じぶん》は死《し》んでしまうのです。**

虫紹介

**バクダンオオアリ（爆弾大蟻）**

[外国産種《がいこくさんしゅ》] マレーシアに生息《せいそく》するやや珍《めずら》しいアリで、枯《か》れ木《き》の中《なか》に巣《す》を作《つく》り、小さな昆虫《こんちゅう》などを食《た》べる。赤《あか》と黒《くろ》の模様《もよう》が美《うつく》しい。

# ツムギアリは、幼虫《ようちゅう》に糸《いと》を吐《は》かせて巣《す》を作《つく》る

アジアからオーストラリアの熱帯《ねったい》には、ツムギアリというアリがいます。なんでこういう名前《なまえ》かというと、木《き》の上《うえ》で葉《は》をつなぎ合《あ》わせ、その中《なか》を巣《す》とするからです。

このアリがどうやって葉《は》をつなぐかというと、幼虫《ようちゅう》をくわえ、幼《よう》虫《ちゅう》の出《だ》す糸《いと》で葉《は》をつなぎ合《あ》わせていくのです。アリの幼虫《ようちゅう》は種《しゅ》によって繭《まゆ》を作《つく》ります。そのため**幼《よう》虫《ちゅう》には糸《いと》を出《だ》す能力《のうりょく》があり**、ツムギアリはそれを利用《りよう》しているのです。幼虫《ようちゅう》は糸《いと》を出《だ》し続《つづ》けるのにかなりの栄養《えいよう》を使《つか》うだろうし、幼虫《ようちゅう》のうちから働《はたら》かなくてはならないなんて、ちょっとブラックですね。

虫紹介

**ツムギアリ（紡蟻）**

[外国産種《がいこくさんしゅ》] インドから東南《とうなん》アジアを経《へ》て、オーストラリアまで広《ひろ》く生息《せいそく》する。非常《ひじょう》に攻撃的《こうげきてき》でかまれると痛《いた》い。

# クマバチは、花《はな》の蜜《みつ》をどろぼうする

ハチは花《はな》から蜜《みつ》や花粉《かふん》をもらい、植物《しょくぶつ》はハチに花粉《かふん》を運《はこ》んでもらって、果実《かじつ》を実《みの》らせます。じつは、私《わたし》たちが食《た》べている果物《くだもの》や野菜《やさい》も、多《おお》くはハチの受粉《じゅふん》によって実《みの》ったもの。というより、**ハチの働《はたら》きがなければ**、多《おお》くの草《くさ》木《き》は育《そだ》たず、森《もり》は存在《そんざい》せず、**私《わたし》たちが生《い》きていくことはできません**。

それはさておき、ハチの好《す》きな蜜《みつ》は花《はな》の奥《おく》にあり、ハチが顔《かお》や口《くち》をつっこむとき、花粉《かふん》が顔《かお》にくっつくようにできています。しかし大《おお》きなクマバチは、小《ちい》さな花《はな》から蜜《みつ》を吸《す》えません。そのため、花《はな》のつけ根《ね》をかじり、**そこから蜜《みつ》をぬすむのです**。ちょっとズルイ。

虫紹介

**クマバチ（熊蜂）**

別名《べつめい》をキムネクマバチともいい、黄色《きいろ》い胸部《きょうぶ》と黒《くろ》い腹部《ふくぶ》をもつ。枯《か》れ木《き》に穴《あな》をあけてその中《なか》に巣《す》を作《つく》る。

# ミツバチが一生《いっしょう》かかって集《あつ》める蜜《みつ》は、たったスプーン1杯《ぱい》

あのそれ…
返《かえ》してもらえません？

花《はな》はハチに蜜《みつ》を与《あた》える代《か》わりに受粉《じゅふん》を助《たす》けてもらいます。しかし、植物《しょくぶつ》が蜜《みつ》を作《つく》るというのは、大変《たいへん》なエネルギーを必要《ひつよう》とすることなのです。エネルギーは果《か》実《じつ》を作《つく》るためにもとっておかなくてはなりません。ですので、多《おお》くの花《はな》はほんの少《すこ》ししか蜜《みつ》を出《だ》しません。それは私《わたし》たちが舐《な》めてもなにもわからない程度《ていど》の量《りょう》であることがほとんどです。

ミツバチが朝《あさ》から夕方《ゆうがた》まで働《はたら》き、春《はる》から秋《あき》までの短《みじか》い一生《いっしょう》のあいだに集《あつ》められる蜜《みつ》は、わずかスプーン1杯分《ぱいぶん》。しかし、ひとつひとつの花《はな》が出《だ》す蜜《みつ》の量《りょう》を考《かんが》えると、これは途方《とほう》もない量《りょう》ともいえます。

**虫紹介**

**セイヨウミツバチ（西洋蜜蜂）**

[外来種《がいらいしゅ》] ヨーロッパから蜂蜜《はちみつ》を取《と》るために輸入《ゆにゅう》された。スズメバチに攻撃《こうげき》されやすく、野生下《やせいか》ではなかなか生《い》きていけない。

# カタゾウムシは、硬《かた》い体《からだ》を手《て》に入《い》れた代《か》わりに飛《と》べなくなった

なにかを得《え》るためには
なにかを失《うしな》うのだよ・・・

カタゾウムシはとにかく硬《かた》い虫《むし》で、ふつうは**指《ゆび》でつぶすことができないほど**です。硬《かた》い前《まえ》ばねがくっついて飛《と》べなくなってしまいましたが、小鳥《ことり》やトカゲからは食《た》べられにくくなりました。

また、このことを敵《てき》に示《しめ》すために、非常《ひじょう》に目立《めだ》つ色彩《しきさい》をしていることも特徴《とくちょう》です。この特徴《とくちょう》を一般《いっぱん》に「警告色《けいこくしょく》」といいます。

フィリピンの島々《しまじま》に生息《せいそく》していますが、**飛《と》んで移動《いどう》できない**ため、島《しま》や山《やま》ごとに独特《どくとく》の色彩《しきさい》をもつようになりました。これが収集家《しゅうしゅうか》の注目《ちゅうもく》を集《あつ》め、せっかくの警告色《けいこくしょく》なのに、さかんに採集《さいしゅう》されるようになったのは皮肉《ひにく》なことです。

虫紹介

**ハナカタゾウムシ（花硬象虫）**

［外国産種《がいこくさんしゅ》］フィリピンのルソン島《とう》の中部《ちゅうぶ》の山岳地帯《さんがくちたい》に生息《せいそく》し、地域《ちいき》によって紋《もん》の色《いろ》などが変化《へんか》する。とても美《うつく》しいカタゾウムシ。

# タマムシは、美《うつく》しすぎて装飾品《そうしょくひん》にもなった

タマムシといえば美《うつく》しい昆虫《こんちゅう》の代表《だいひょう》です。緑色《みどりいろ》に赤《あか》い筋《すじ》の美《うつく》しい金属《きんぞく》のような光沢《こうたく》で、キラキラと輝《かがや》きます。そのため、昔《むかし》から人々《ひとびと》に好《この》まれ、たんすに入《い》れると着物《きもの》が増《ふ》えると伝《つた》えられたり、大量《たいりょう》のはねを使《つか》って、国宝《こくほう》「玉虫《たまむしの》厨子《ずし》」が作《つく》られたりもしました。外国《がいこく》にも美《うつく》しいタマムシがいて、**各地《かくち》で装飾品《そうしょくひん》にされて**います。

タマムシがきれいな理由《りゆう》はふたつあって、ひとつは「硬《かた》くておいしくないよ」と敵《てき》に伝《つた》えるための「警告色《けいこくしょく》」。もうひとつは、派手《はで》な色彩《しきさい》も、炎天下《えんてんか》の葉《は》の上《うえ》では意外《いがい》と目立《めだ》たないこと。つまり、「隠《いん》蔽色《ぺいしょく》」という意味《いみ》があります。

虫紹介

**タマムシ(玉虫・吉丁《たま》虫《むし》)**
日本《にほん》を代表《だいひょう》する大型《おおがた》で美《うつく》しいタマムシ科《か》の甲虫《こうちゅう》で、本州《ほんしゅう》から九州《きゅうしゅう》に生息《せいそく》する。ヤマトタマムシとも呼《よ》ばれる。

# 幼虫《ようちゅう》のときに
# たくさん食《た》べないと、
# ちびカブトムシになる

カブトムシを捕《つか》まえに行《い》くと、たまにすごく小《ちい》さいオスがとれます。ちょっとがっかりしますね。人《ひと》によっては「まだ子供《こども》だ」ということもありますが、それはまちがいです。昆虫《こんちゅう》は成虫《せいちゅう》になったらみんな大人《おとな》で、基本的《きほんてき》にそれ以《い》上成長《じょうせいちょう》しません。

そして多《おお》くの昆虫《こんちゅう》は、**幼虫《ようちゅう》時代《じだい》のえさの量《りょう》で成虫《せいちゅう》の大《おお》きさが決《き》まります**。カブトムシも例外《れいがい》ではありません。たまたま母親《ははおや》が卵《たまご》を産《う》んだ場所《ばしょ》のえさの量《りょう》が少《すく》なかったり、乾燥《かんそう》して栄養《えいよう》がなかったりすると、**小《ちい》さいカブトムシ**が出《で》てきます。ちょっと気《き》の毒《どく》にも思《おも》えますが、大《おお》きなオスに気《き》づかれないように交尾《こうび》したりと、それなりに器用《きよう》に生《い》きています。

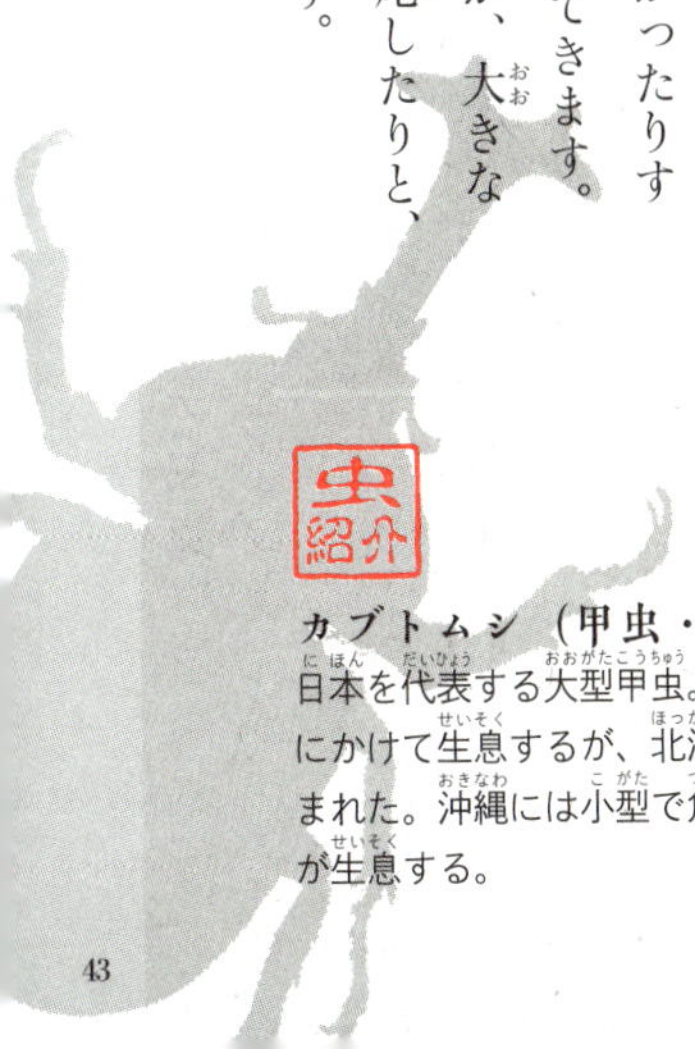

虫紹介

**カブトムシ（甲虫・兜虫）**

日本《にほん》を代表《だいひょう》する大型甲虫《おおがたこうちゅう》。本州《ほんしゅう》から九州《きゅうしゅう》にかけて生息《せいそく》するが、北海道《ほっかいどう》にも持《も》ちこまれた。沖縄《おきなわ》には小型《こがた》で角《つの》の短《みじか》い別亜種《べつあしゅ》が生息《せいそく》する。

# カブトムシの飛《と》び方《かた》は、落《お》ちているようにしか見《み》えない

大《おお》きな虫《むし》はだいたい飛《と》び方《かた》が不器用《ぶきよう》です。体《からだ》が小《ちい》さいと軽《かろ》やかに飛《と》べますが、大《おお》きいと重々《おもおも》しく飛《と》ぶのがふつうです。昆《こん》虫《ちゅう》の体《からだ》は「外骨格《がいこっかく》」といって、外《そと》側《がわ》が骨《ほね》でおおわれているような状《じょう》態《たい》で、体《からだ》が大《おお》きくなると非常《ひじょう》に重《おも》くなるのです。

身近《みぢか》な昆虫《こんちゅう》では、カブトムシを見《み》るとそれがよくわかります。部《へ》屋《や》の中《なか》で飛《と》ばしてみると、重《おも》そうに飛《と》び立《た》ち、あちこちにぶつかって落《お》ちます。飛行《ひこう》の上手《じょうず》なトンボなどとはだいぶちがいます。樹液《じゅえき》がしみ出《だ》す場所《ばしょ》では王様《おおさま》ですが、空《そら》ではなんともドジな感《かん》じがして、それもかわいらしいですね。

虫紹介

**カブトムシ（甲虫・兜虫）**

成虫《せいちゅう》はクヌギの樹液《じゅえき》をとくに好《この》むが、地域《ちいき》によってサイカチやアカメガシワ、ヤナギなど、好《この》む樹種《じゅしゅ》が異《こと》なる。

# カブトムシのオシッコの仕方《しかた》は、犬《いぬ》みたいだ

飼《か》っているカブトムシを観察《かんさつ》していると、しょっちゅうえさを食《た》べています。リンゴや昆《こん》虫《ちゅう》ゼリーをあげると、顔《かお》をつっこんで、じっと汁《しる》を吸《す》います。

しばらく見《み》ていると、**脚《あし》を上《あ》げて後《うし》ろのほうにビュビュッとおしっこをします**。そのおしっこには絵《え》の具《ぐ》のような独特《どくとく》の匂《にお》いがあって、人《ひと》によっては嫌《いや》な匂《にお》いに感《かん》じるかもしれませんが、私《わたし》はこれをかぐと子供《こども》のころを思《おも》い出《だ》し、なつかしい気持《きも》ちになります。

おしっこを飛《と》ばすことにも意味《いみ》があり、えさ場《ば》をよごさないためと、敵《てき》に居場所《いばしょ》を気《き》づかれないようにするためでしょう。

虫紹介

**カブトムシ（甲虫・兜虫）**

幼虫《ようちゅう》はC《シー》字型《じがた》の白《しろ》いイモムシで、腐葉土《ふようど》や崩《くず》れた朽木《くちき》をえさとする。6月《がつ》ごろ蛹《さなぎ》となり、7月《がつ》に外《そと》に出《で》てくるものが多《おお》い。

# ナナホシテントウの幼虫《ようちゅう》は、意外《いがい》にも怪獣《かいじゅう》キャラ

テントウムシといえばかわいい虫《むし》の代表《だいひょう》です。世界中《せかいじゅう》でテントウムシをかたどった絵柄《えがら》でさまざまなものが作《つく》られています。なかでもナナホシテントウは赤地《あかじ》に黒《くろ》い水玉模様《みずたまもよう》が人気《にんき》で、とくに愛《あい》されています。

しかし、その幼虫《ようちゅう》を見《み》た人《ひと》は、みんなおどろくにちがいありません。イボイボの派手《はで》なイモムシのような姿《すがた》で、成虫《せいちゅう》の面影《おもかげ》がまったくないからです。これをかわいいと思《おも》う人《ひと》は多《おお》くないでしょう。テントウムシなどの甲虫《こうちゅう》は、成虫《せいちゅう》と幼虫《ようちゅう》とで姿《すがた》が異《こと》なりますが、かわいらしさのちがいでテントウムシはけたちがいです。

虫紹介

**ナナホシテントウ（七星天道）**

ヨーロッパから日本《にほん》まで広《ひろ》く生息《せいそく》する。ヨーロッパのものは黒《くろ》い紋《もん》が少《すこ》し小《ちい》さいなど、ちがいがある。一般《いっぱん》にテントウムシといえばこれ。

# ヒゲナガオトシブミは背《せ》の高《たか》さで張《は》りあう

昆《こん》虫《ちゅう》にはメスをめぐってケンカをするものが少《すく》なくありません。カブトムシの角《つの》やクワガタの大《おお》あごのように、オスになにか特徴的《とくちょうてき》な突起《とっき》やトゲなどがある場合《ばあい》、それは交尾《こうび》かケンカに使《つか》われると考《かんが》えてもよいでしょう。

ヒゲナガオトシブミのオスは非《ひ》常《じょう》に長《なが》い「首《くび》」と触角《しょっかく》をもっています。この虫《むし》がどのように戦《たたか》うのかというと、オス同士《どうし》が向《む》かいあって背伸《せの》びをし、背《せ》の高《たか》いほうが勝《か》ちとなるのです。

外国《がいこく》のオトシブミには、この行《こう》動《どう》がもっと進化《しんか》して、「これで生《せい》活《かつ》できるの?」と思《おも》うほど、とんでもなく首《くび》の長《なが》いものがいます。

虫紹介

**ヒゲナガオトシブミ(髭長落文)**

北海道《ほっかいどう》から九州《きゅうしゅう》にかけて、主《おも》に山地《さんち》に生息《せいそく》する。イタドリなどの葉《は》の上《うえ》に見《み》られ、メスは葉《は》を巻《ま》いてその中《なか》に産卵《さんらん》する。

# じつは、カマキリはゴキブリに近《ちか》い仲間《なかま》

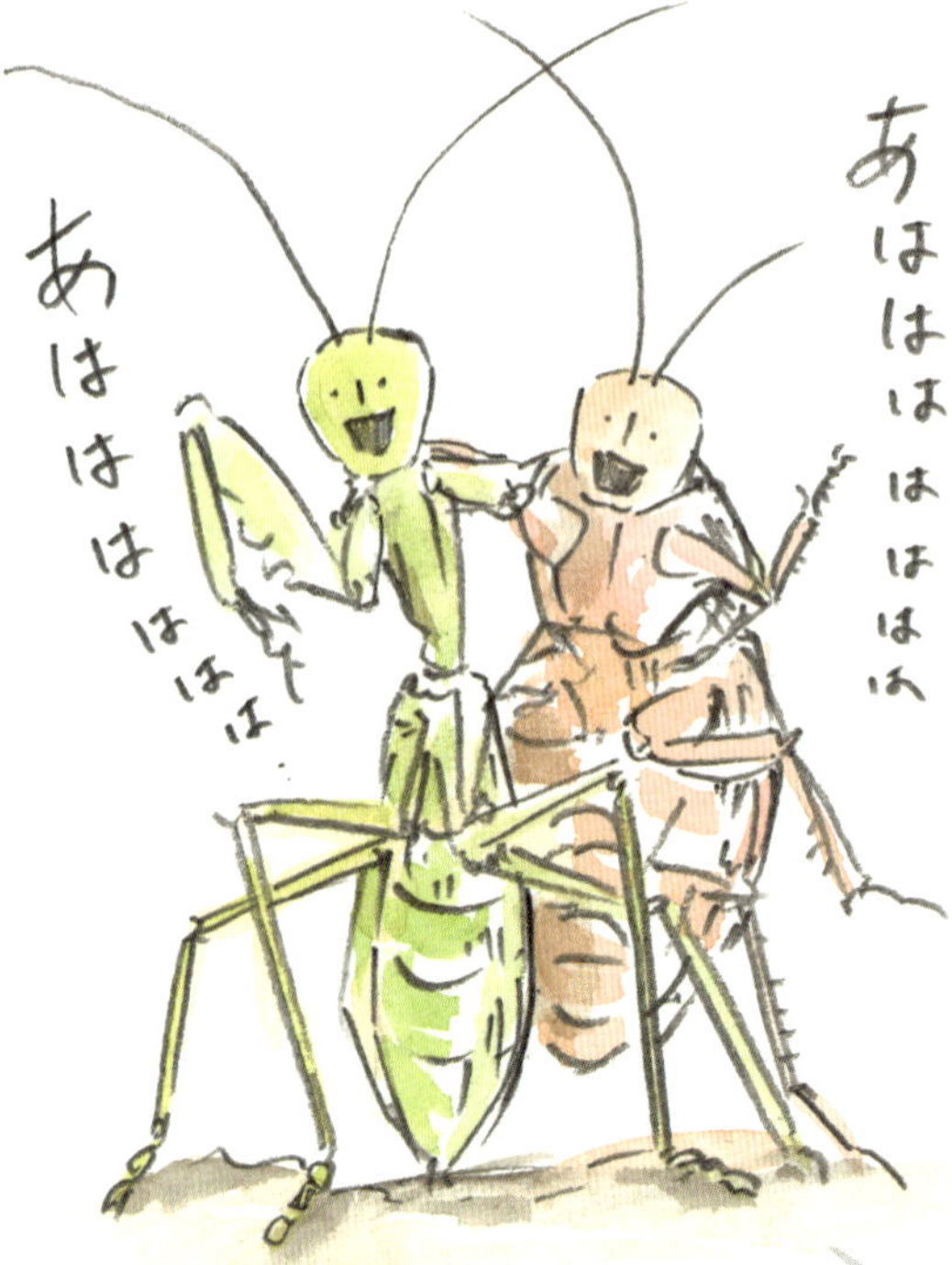
あははははははは
あはははははは

私《わたし》は昆虫《こんちゅう》の展示《てんじ》や解説《かいせつ》をすることが多《おお》いのですが、茶色《ちゃいろ》くて平《ひら》べったい虫《むし》を見《み》せると、たまに「ゴキブリだ！」と騒《さわ》ぐ人《ひと》がいて、顔《かお》には出《だ》しませんが、カチンときます。理由《りゆう》はその発想《はっそう》の陳《ちん》腐《ぷ》さとあいまって、ゴキブリを馬《ば》鹿《か》にしたような発言《はつげん》だからです。ゴキブリだって大事《だいじ》な地球《ちきゅう》の仲間《なかま》です。馬鹿《ばか》にしてはいけません。

そんな人《ひと》も、カマキリに対《たい》しては嫌悪感《けんおかん》をもっていなかったりするものなのですが、**じつはゴキブリとカマキリはかなり近《ちか》い親戚《しんせき》**。見《み》た目《め》だけで人《ひと》を判断《はんだん》してはいけないように、物事《ものごと》の本質《ほんしつ》はもっと深《ふか》いところにあるものです。

虫紹介

**オオカマキリ（大蟷螂）**

日本最大《にほんさいだい》のカマキリで、類似《るいじ》のチョウセンカマキリとは前脚《まえあし》のつけ根《ね》の紋《もん》の色《いろ》で区別《くべつ》できる。木《き》の枝《えだ》に丸《まる》っこい卵鞘《らんしょう》を産《う》む。

# **ヒメカマキリ**は、死《し》んだふりをして難《なん》を逃《のが》れる

カマキリというと強《つよ》い昆虫《こんちゅう》という印象《いんしょう》があります。実際《じっさい》、ほかの昆虫《こんちゅう》を食《た》べますし、ハチドリのような小《ちい》さい鳥《とり》が大《おお》きなカマキリの餌食《えじき》となることもあります。しかし、大部分《だいぶぶん》の**鳥《とり》やトカゲに対《たい》しては非力《ひりき》**です。

カマキリが緑色《みどりいろ》で目立《めだ》たないのは、自分《じぶん》が狙《ねら》った獲物《えもの》に気《き》づかれないため、そして自分《じぶん》をねらう敵《てき》から隠《かく》れるためでもあるのです。ヒメカマキリにいたっては、ピンチにおちいると**ポトリと枝《えだ》から落《お》ち、死《し》んだふり**をして枯《か》れ葉《は》にまぎれます。自慢《じまん》の鎌《かま》も、天敵《てんてき》に逆《さか》らう武器《ぶき》にはならないのです。

虫紹介

**ヒメカマキリ（姫蟷螂）**

西日本《にしにほん》に多《おお》い南方系《なんぽうけい》のカマキリで灯火《とうか》に飛来《ひらい》することも多《おお》い。関東地方《かんとうちほう》にはほとんどおらず、東京出身《とうきょうしゅっしん》の私《わたし》は子供《こども》のころに憧《あこが》れた。

# おカイコ様《さま》は、人間《にんげん》が世話《せわ》をしないと生《い》きられない

「家《か》畜《ちく》」とは、牛《うし》や馬《うま》のように食用《しょくよう》になるなど、人《ひと》の役《やく》に立《た》つように改良《かいりょう》されたほ乳類《にゅうるい》を指《さ》します。昆虫《こんちゅう》にも、「家《か》虫《ちゅう》」ならぬ「家畜昆虫《かちくこんちゅう》」なるものがいます。たとえばカイコは、絹《きぬ》糸《いと》をとるためにクワゴというガの仲間《なかま》を改良《かいりょう》してつくられました。

このカイコですが、壁《かべ》などを伝《つた》って逃《に》げ出《だ》さないように、大人《おとな》しく改良《かいりょう》されました。そのため、外《そと》のクワの木《き》にくっつけても、**風《かぜ》が吹《ふ》けば落《お》ち**てしまい、身《み》の回《まわ》りの葉《は》を食《た》べつくせば、**移動《いどう》できずにそのまま餓死《がし》**してしまいます。もはやヒトなしでは生《い》きられない体《からだ》なのです。

虫紹介

**カイコ（蚕）**

クワコあるいはそれに近《ちか》い種《しゅ》を家畜化《かちくか》したもので、両者《りょうしゃ》との交雑《こうざつ》も可能《かのう》。いろいろな品種《ひんしゅ》があり、繭《まゆ》の色《いろ》や幼虫《ようちゅう》の模様《もよう》が異《こと》なる。

# チョウは、見《み》かけによらずオシッコが好《す》き

チョウというと、いつも花《はな》の周《まわ》りをひらひら飛《と》んでいる昆虫《こんちゅう》、と思《おも》っている人《ひと》が多《おお》いかもしれません。優雅《ゆうが》で美《うつく》しく、なんとも絵《え》になる光景《こうけい》です。

しかし、そんな「単純《たんじゅん》」なチョウはじつはそんなに多《おお》くありません。とくに熱帯《ねったい》などに行《い》くと、花《はな》には集《あつ》まらず、**動物《どうぶつ》のフンや腐《くさ》った果物《くだもの》が好《す》きなチョウ**がたくさんいます。また、オシッコをすると、それにたくさんのチョウが集《あつ》まることもあります。それらのチョウにとっては、**汚《きたな》いものこそ栄養豊《えいようほう》富《ふ》**で美味《おい》しいのです。「はきだめに鶴《つる》」ならぬ、「便所《べんじょ》にチョウ」というわけです。

**アオスジアゲハ（青条揚羽）**

本州以南《ほんしゅういなん》に広《ひろ》く生息《せいそく》し、幼虫《ようちゅう》はクスノキの葉《は》を食《た》べる。夏《なつ》にクスノキを見上《みあ》げると高《たか》いところを飛《と》んでいるのを見《み》ることができる。

# **オンブバッタ**のオスは、ほぼ飛《と》べないし、メスにおぶわれっぱなし

なにかあったら
君《きみ》にまかせるね！
けっ…

だいたいの昆虫《こんちゅう》は、メスの上《うえ》にオスが乗《の》って交尾《こうび》します。バッタも例外《れいがい》ではありません。しかし、オンブバッタに関《かん》しては、交尾《こうび》していないときにもメスの上《うえ》にオスが**長時間乗《ちょうじかんの》っています**。そのため、オンブバッタという名《な》がついているのです。これにはちゃんと理由《りゆう》があって、メスとほかのオスを交尾《こうび》させないためです。

また、オンブバッタは、はねは発達《はったつ》していますが、**ほとんど飛《と》ぶことはありません**。メスがせっせとオスをおんぶして移動《いどう》する様子《ようす》は、なんだかほほえましいものがありますが、実情《じつじょう》は**あくまでメスの監視《かんし》**です。

虫紹介

**オンブバッタ（負飛蝗）**

日本各地《にほんかくち》に広《ひろ》く生息《せいそく》し、多《おお》くのバッタが好《この》むイネ科《か》ではなく、マメ科《か》やシソ科《か》などを好《この》んで食《た》べる。秋遅《あきおそ》くまで活動《かつどう》する。

# アリジゴクは、後《うし》ろにしか進《すす》まない

アリジゴクを見《み》たことがありますか？　都会《とかい》ではなかなか見《み》かけなくなりましたが、古《ふる》い家《いえ》の軒下《のきした》など、雨《あめ》のあたらない土《つち》の地面《じめん》を探《さが》すと、すり鉢状《ばちじょう》の巣《す》を見《み》つけることができます。

正式《せいしき》にはウスバカゲロウの幼虫《ようちゅう》で、その**巣《す》に落《お》ちたアリなどを襲《おそ》って**食《た》べます。ただ、めったにえさは落《お》ちてこないので、何《なん》カ月《かげつ》もの間《あいだ》、空腹《くうふく》に耐《た》えなくてはなりません。また、巣《す》を作《つく》るときには、地面《じめん》をぐるぐると後《うし》ろ向《む》きに回《まわ》って、巣穴《すあな》を掘《ほ》っていきます。基本《きほん》的《てき》に巣穴《すあな》の底《そこ》でじっとえさを待《ま》っていますし、**あまり前《まえ》に進《すす》む必要《ひつよう》がないのかも**しれません。

虫紹介

**ウスバカゲロウ（薄羽蜻蛉）**

日本全国《にほんぜんこく》に広《ひろ》く生息《せいそく》する。成虫《せいちゅう》は一見《いっけん》トンボのような姿《すがた》だが、はねを後方《こうほう》にたたむ点《てん》で異《こと》なる。夜《よる》に灯火《とうか》に飛来《ひらい》することが多《おお》い。

# ツノゼミの「角《つの》」は、その多《おお》くは使《つか》い道《みち》が不明《ふめい》だ

ツノゼミほど変《か》わった姿《すがた》の昆虫《こんちゅう》はいないでしょう。とがった口《くち》をつきさして植物《しょくぶつ》の汁《しる》を吸《す》う、セミではありませんがセミに近《ちか》い昆虫《こんちゅう》です。種《しゅ》によってちがう**不可思議《ふかしぎ》な形《かたち》の角《つの》をもち、深海生《しんかいせい》物《ぶつ》の奇抜《きばつ》ささえ超《こ》えるすごさ**です。

とくに有名《ゆうめい》なのはヨツコブツノゼミで、昔《むかし》の**水道《すいどう》の蛇口《じゃぐち》のコマ**のような、**屋根《やね》の上《うえ》のアンテナ**のような、なんとも不思議《ふしぎ》な角《つの》をもっています。この用途《ようと》には諸説《しょせつ》ありますが、いまだに決《き》め手《て》となるすっきりとした結論《けつろん》は出《で》ておらず、真相《しんそう》は闇《やみ》の中《なか》。多種多様《たしゅたよう》な昆虫《こんちゅう》の世界《せかい》には、どんなに科学《かがく》が進歩《しんぽ》しても、わからないことがまだまだいっぱいあります。だからこそ面白《おもしろ》く、魅力的《みりょくてき》なのです。

虫紹介

**ヨツコブツノゼミ（四瘤角蝉）**

[外国産種《がいこくさんしゅ》] 南《みなみ》アメリカに生息《せいそく》し、種《しゅ》によって角《つの》の形《かたち》が異《こと》なる。珍《めずら》しいものではなく、いるところにはたくさんいる。

# 水面《すいめん》の忍者《にんじゃ》アメンボも、おぼれることがある

アメンボとは「飴《あめ》ん棒《ぼう》」のことで、つまむと甘《あま》い飴《あめ》のような匂《にお》いがする棒《ぼう》のような虫《むし》という意味《いみ》です。アメンボといえば水《すい》面《めん》をスイスイ動《うご》く姿《すがた》を想像《そうぞう》するものですが、どういうわけか匂《にお》いと形《かたち》で名《な》づけられたわけです。

さて、どうやって水面《すいめん》に浮《う》いているかというと、**脚《あし》の先《さき》に細《こま》かな毛《け》がびっしり**と生《は》えていて、そこに空気《くうき》をためているのです。つまり、**浮《う》き輪《わ》の上《うえ》に乗《の》っている**ような感《かん》じ。ただこれにも弱点《じゃくてん》があって、水面《すいめん》に油《あぶら》などが浮《う》くと、それが細《こま》かな毛《け》にしみこみ、あっという間《ま》に沈《しず》んでしまいます。水《みず》をよごさないようにしましょうね。

虫紹介

**アメンボ（飴棒）**

日本各地《にほんかくち》の主《おも》に池《いけ》に生息《せいそく》するが、雨《あめ》の後《あと》の水溜《みずたま》りにも見《み》つかる。ときに水面《すいめん》とまちがえて車《くるま》の窓《まど》ガラスに飛来《ひらい》することもある。

# アメリカザリガニは、カエルのえさ用《よう》に輸入《ゆにゅう》された

ザリガニ釣《つ》りで遊《あそ》んだことがある人《ひと》は多《おお》いでしょう。大《だい》小《しょう》さまざまなものが釣《つ》れますが、ニホンザリガニがすむ北海道《ほっかいどう》と東《とう》北地方《ほくちほう》や、ウチダザリガニがすむわずかな湖《みずうみ》以外《いがい》であれば、それはすべてアメリカザリガニです。

しかしこのアメリカザリガニ、じつは80年《ねん》ほど前《まえ》に**ウシガエル（食用蛙《しょくようがえる》）のえさとして**日本《にほん》に持《も》ちこまれたのです。わずか数匹《すうひき》が逃《に》げ出《だ》して、**またたく間《ま》に全国《ぜんこく》に広《ひろ》がり**ました。子供《こども》たちには良《よ》い遊《あそ》び相手《あいて》ですが、日本《にほん》に昔《むかし》からあった水草《みずくさ》を食《た》べつくしたり、水《みず》辺《べ》にすむ昆虫《こんちゅう》を襲《おそ》ったり、環境《かんきょう》に深刻《しんこく》な影響《えいきょう》を与《あた》えています。

虫紹介

**アメリカザリガニ（亜米利加蝲蛄）**

雌雄《しゆう》で大《おお》きさと色彩《しきさい》が異《こと》なり、メスは小《ちい》さめで、薄茶色《うすちゃいろ》。ニホンザリガニとまちがわれるが、後者《こうしゃ》は本州北部《ほんしゅうほくぶ》と北海道《ほっかいどう》にしかいない。

# ヒキガエルの指《ゆび》には吸盤《きゅうばん》がないので、側溝《そっこう》に落《お》ちたら絶望的《ぜつぼうてき》

道《どう》路《ろ》の脇《わき》にあり、雨水《あまみず》を流《なが》すための溝《みぞ》を「側溝《そっこう》」といいます。人間《にんげん》には必要《ひつよう》なものでも、**ほかの生《い》き物《もの》には大《だい》迷惑《めいわく》なもの**はたくさんあります。側溝《そっこう》もそのひとつです。上《のぼ》り下《お》りが苦手《にがて》な生《い》き物《もの》には、落《お》ちてしまったら**二度《にど》とはい上《あ》がれない落《お》とし穴《あな》**で、ひとたび大雨《おおあめ》が降《ふ》れば、流《なが》されて死《し》んでしまいます。

ヒキガエルもその代表《だいひょう》。出来《でき》たてのツルツルした側溝《そっこう》なんかは**死《し》への入《い》り口《ぐち》**です。最近《さいきん》では小《ちい》さな階段《かいだん》をつけた設計《せっけい》にしたり、親切《しんせつ》な人《ひと》たちが、ハシゴ代《が》わりになるものを取《と》りつけたり、ようやくこのことが広《ひろ》まりつつあります。もし側溝《そっこう》をのぞいて生《い》き物《もの》が落《お》ちていたら、ぜひなにか考《かんが》えてあげてください。

虫紹介

**アズマヒキガエル（東蟇）**

ヒキガエルは鈴《すず》鹿《か》山脈《さんみゃく》を境《さかい》に、西側《にしがわ》がニホンヒキガエル、東側《ひがしがわ》がアズマヒキガエルに分《わ》かれる。山地《さんち》の個体《こたい》は赤味《あかみ》を帯《お》びることもある。

# 朝《あさ》のトカゲは、日向《ひなた》ぼっこしないと動《うご》けない

ほ乳類《にゅうるい》や鳥類《ちょうるい》は、体温《たいおん》を調節《ちょうせつ》することができます。冬眠《とうみん》の時期《じき》に体温《たいおん》を下《さ》げるものもいますが、基本的《きほんてき》に常《つね》に体温《たいおん》を一定《いってい》に保《たも》ち、いつでも動《うご》くことができるのです。しかしそれ以外《いがい》の多《おお》くの動物《どうぶつ》は体温《たいおん》と気温《きおん》がほとんど同《おな》じで、**気《き》温《おん》の影響《えいきょう》を直接《ちょくせつ》受《う》けて生活《せいかつ》**しています。

トカゲはすばしっこい動物《どうぶつ》という印象《いんしょう》ですが、じつは体温《たいおん》が低《ひく》いとゆっくりとしか歩《ある》けず、えさも食《た》べられないし、逆《ぎゃく》に鳥《とり》などに襲《おそ》われてしまいます。そのため、朝起《あさお》きたトカゲは、**日向《ひなた》で朝日《あさひ》をあびて体温《たいおん》を上《あ》げ、はじめて活発《かっぱつ》に動《うご》く**ことができます。最近《さいきん》では、目覚《めざ》めてスマホを見《み》ないと活動《かつどう》できない人《ひと》が多《おお》いですが、それとは必要性《ひつようせい》の次元《じげん》が異《こと》なります。

虫紹介

**ニホントカゲ（日本蜥蜴）**

本州《ほんしゅう》以西《いせい》の温暖《おんだん》な地域《ちいき》に生息《せいそく》。伊豆半島《いずはんとう》と伊豆諸島《いずしょとう》では別種《べっしゅ》のオカダトカゲになる。スベスベとしていて、カナヘビと区《く》別《べつ》できる。

こらむ１

# 「甲虫《こうちゅう》」は昆虫《こんちゅう》のなかの昆虫《こんちゅう》！

人気《にんき》がある虫《むし》、強《つよ》い虫《むし》というと、多《おお》くはカブトムシ派《は》かクワガタムシ派《は》に分《わ》かれるでしょう。まぁ、どちらが勝《か》っても、どっちも甲虫《こうちゅう》。甲虫《こうちゅう》とはどんな昆虫《こんちゅう》なのでしょうか。

ひと言《こと》でいうと「体《からだ》が硬《かた》い昆《こん》虫《ちゅう》」です。そして、地《ち》球上《きゅうじょう》でいちばん種数《しゅすう》が多《おお》く、大成功《だいせいこう》しているグループ。たとえば、鳥《とり》は現在約《げんざいやく》９０００種《しゅ》、ほ乳類《にゅうるい》は約《やく》４０００種《しゅ》、昆虫《こんちゅう》は約《やく》１００万《まん》種《しゅ》が知《し》られています。そして、甲虫《こうちゅう》はというと約《やく》37万種《まんしゅ》とダントツの多《おお》さ！　じつは、硬《かた》い体《からだ》とこの成功《せいこう》には、関係《かんけい》があるのです。

昆虫《こんちゅう》には４枚《まい》のはねがあり、

甲虫《こうちゅう》ではそのうち前《まえ》ばねの２枚《まい》が硬《かた》くなっています。このおかげで、砂利《じゃり》だらけの環境《かんきょう》でも傷《きず》がつきにくいし、前《まえ》ばねの下《した》に空間《くうかん》ができたおかげで熱《ねつ》を伝《つた》えにくくなって、体《からだ》から逃《に》げる水《すい》分《ぶん》をおさえることに成功《せいこう》し、砂《さ》漠《ばく》のような環境《かんきょう》でも生《い》きられるようになりました。さらに、この空間《くうかん》に空気《くうき》をためて水中《すいちゅう》でくらす昆虫《こんちゅう》も現《あらわ》れました。

こうして甲虫《こうちゅう》は、さまざまな環境《かんきょう》に広《ひろ》がって、いろいろな物《もの》を食《た》べるようになり、その結果《けっか》たくさんの種《しゅ》が生《う》まれ、大成功《だいせいこう》をおさめているのです。

第《だい》2章《しょう》

# そこらの虫《むし》の、おどろきの一面《いちめん》

ふつうだと思《おも》っていたのに、

かっこいいワザをもっていた。

それを知《し》ったときのショックとか、

尊敬《そんけい》する気持《きも》ちの芽生《めば》えとか、

自分《じぶん》でもなんだかわからない気持《きも》ちになる。

# セミのオスのお腹《なか》の中《なか》は、がらんどうだ

セミをひっくりかえして見《み》ると、オスのお腹《なか》の中《なか》は空《から》っぽで、とくにツクツクボウシやヒグラシは、光《ひかり》が透《す》けて見《み》えるほどです。これは、セミの大《おお》きな声《こえ》に関係《かんけい》しています。

そもそも、セミの鳴《な》き方《かた》はというと、発音筋《はつおんきん》と発音膜《はつおんまく》という器官《きかん》を震《ふる》わせて音《おと》を出《だ》しています。その音《おと》は、がらんどうの腹部《ふくぶ》で共鳴《きょうめい》し、さらに腹弁《ふくべん》という一対《いっつい》の板《いた》のような器官《きかん》で調整《ちょうせい》されます。これはスピーカーに近《ちか》い原理《げんり》です。

うるさいと思《おも》われがちなセミですが、小《ちい》さな体《からだ》であれほど大《おお》きな音《おと》を出《だ》すのは、ヒトの科学技術《かがくぎじゅつ》でも、じつはいまだに不可能《ふかのう》です。

虫紹介

**アブラゼミ（油蟬）**

油《あぶら》を沸騰《ふっとう》させたような鳴《な》き声《ごえ》だとか、食《た》べると油《あぶら》っぽいだとか、和名《わめい》の由来《ゆらい》には諸説《しょせつ》ある。北海道《ほっかいどう》から九州《きゅうしゅう》まで生息《せいそく》する身近《みぢか》なセミ。

# すぐそばで大砲《たいほう》を鳴《な》らしても、セミはまったくおどろかない

たいていの虫《むし》は音《おと》を出《だ》して仲《なか》間《ま》と交信《こうしん》していますので、**昆虫《こんちゅう》にも耳《みみ》があります**。セミの場《ば》合《あい》、腹部《ふくぶ》のつけ根《ね》に耳《みみ》にあたる器《き》官《かん》があります。かつて昆虫学者《こんちゅうがくしゃ》のファーブルは、セミのそばで大砲《たいほう》を鳴《な》らしてみたけれど、セミはまったく気《き》づかなかったという報告《ほうこく》をしました。それもそのはず。セミは、**すべての音《おと》が聞《き》こえるわけではなく**、求愛《きゅうあい》に使《つか》う音《おと》の範囲《はんい》だけが聞《き》こえるようになっています。

生《い》き物《もの》それぞれに聞《き》こえる音《おと》の範囲《はんい》があり、ヒトでもあまりに高《たか》い音《おと》は聞《き》きとれなかったり、都合《つごう》の悪《わる》いことも聞《き》こえなかったりするものですよね。

虫紹介

**クマゼミ（熊蝉）**

本州中部以西《ほんしゅうちゅうぶいせい》の温暖《おんだん》な地域《ちいき》に生息《せいそく》し、街路樹《がいろじゅ》などの乾燥《かんそう》した環境《かんきょう》にとくに多《おお》い。騒音《そうおん》ともいわれるが、寛容《かんよう》さが問《と》われる。

# コオイムシの場合《ばあい》、卵《たまご》の面倒《めんどう》をみるのは父親《ちちおや》である

子《こ》育《そだ》てをする虫《むし》というのがいます。昆虫《こんちゅう》のなかでは少数派《しょうすうは》ですが、身《み》近《ぢか》なものでは水中《すいちゅう》でくらすコオイムシがその代表《だいひょう》。その名《な》のとおり、**子《こ》（卵《たまご》）を背中《せなか》におぶって**います。**子《こ》を背負《せお》うのはオス**。複数《ふくすう》のメスがオスの背中《せなか》に卵《たまご》を産《う》みつけ、それをオスが背負《せお》ったまま泳《およ》ぎ、卵《たまご》の発育《はついく》を見守《みまも》るのです。そして幼虫《ようちゅう》は背中《せなか》の卵《たまご》から孵化《ふか》し、水中《すいちゅう》へと旅立《たびだ》ってゆきます。

最近《さいきん》の研究《けんきゅう》では、じつはほかのオスの子《こ》を育《そだ》てていることがわかってきました。なんと、平均《へいきん》して3分《ぶん》の1、ひどいときにはすべての**卵《たまご》が自分《じぶん》の子《こ》でないことも**あるそうです。いま流行《はや》りのイクメンですが、少《すこ》し切《せつ》ない実情《じつじょう》ですね。

虫紹介

**コオイムシ（子負い虫）**

10円玉《えんだま》のほどの大きさの平《ひら》べったい体《からだ》をしている。水中《すいちゅう》でくらすカメムシの仲《なか》間《ま》で、オタマジャクシなどを捕《つか》まえて食《た》べる。

# マツモムシは、いつもお空《そら》を見《み》上《あ》げている

マツモムシは水中《すいちゅう》で生活《せいかつ》するカメムシの仲間《なかま》です。多《おお》くのカメムシは植物《しょくぶつ》の汁《しる》を吸《す》っているのですが、水生《すいせい》のカメムシの大《たい》半《はん》は肉食性《にくしょくせい》で、**ほかの昆虫《こんちゅう》や小動《しょうどう》物《ぶつ》を襲《おそ》って血《ち》を吸《す》っています。**マツモムシも例外《れいがい》ではなく、水中《すいちゅう》の小《ちい》さい生《い》き物《もの》や、水面《すいめん》に落《お》ちた昆《こん》虫《ちゅう》を襲《おそ》うなどしています。

そんなマツモムシの面白《おもしろ》いところは、**腹《はら》を上《うえ》にして、ひっくりかえった状態《じょうたい》で泳《およ》ぐ**こと。長《なが》い後《うし》ろ脚《あし》で泳《およ》ぐその姿《すがた》は、**ボートをこいでいるよう**です。どうしてかはわからないのですが、おそらく水面《すいめん》に落《お》ちた虫《むし》と、上《うえ》からの敵《てき》を早《はや》く察知《さっち》するためなのでしょう。

虫紹介

**マツモムシ（松藻虫）**

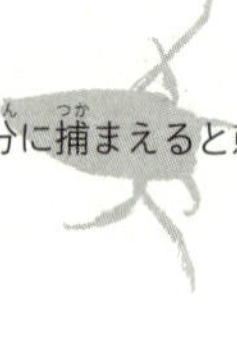

日本各地《にほんかくち》にいるが、どこにでもいるものではない。面白半分《おもしろはんぶん》に捕《つか》まえると刺《さ》される。その痛《いた》さに泣《な》く子供《こども》も多《おお》いが、死《し》ぬことはない。

# ゲンゴロウは空気《くうき》ボンベをもっている

水《みず》にすむ昆虫《こんちゅう》はたくさんいますが、水中《すいちゅう》に溶《と》けこんだ酸《さん》素《そ》を呼吸《こきゅう》できるものは案外少《あんがいすく》なく、大部分《だいぶぶん》は外《そと》の空気《くうき》を吸《す》って生《い》きています。また、**昆虫《こんちゅう》は口《くち》から空気《くうき》を吸《す》うわけではなく**、腹部《ふくぶ》に気門《きもん》という穴《あな》がいくつか空《あ》いていて、そこから空気《くうき》を取《と》りこみます。しかし、腹部《ふくぶ》を水上《すいじょう》にさらすのはいかにも危険《きけん》で、不便《ふべん》なことです。

ゲンゴロウは、**はねと腹部《ふくぶ》のすきまに空気《くうき》をためて**、酸素《さんそ》を取《と》りこみながら水中《すいちゅう》を泳《およ》ぎます。酸素《さんそ》が薄《うす》くなったら、水面《すいめん》にはねの先《せん》端《たん》を出《だ》して、空気《くうき》を交換《こうかん》します。まるで酸素《さんそ》ボンベ。ヒトの考《かんが》えることもゲンゴロウと同《おな》じですね。

虫紹介

**ゲンゴロウ（源五郎）**

人名《じんめい》のように親《した》しみやすい和名《わめい》をもち、かつては身近《みぢか》な昆虫《こんちゅう》の代表《だいひょう》だったが、いまは絶滅寸前《ぜつめつすんぜん》となっている。とにかくかわいい。

# 樹液酒場《じゅえきさかば》は
# カブクワの合《ごう》コン会場《かいじょう》

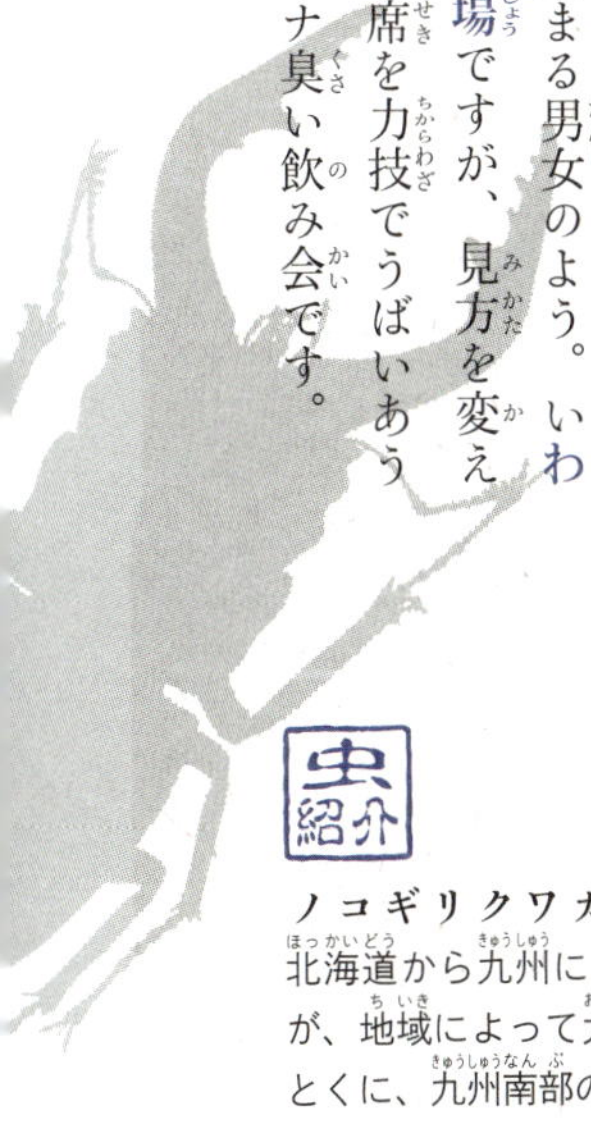

樹《じゅ》液《えき》にはカブトムシやノコギリクワガタ、カナブン、ゴマダラチョウなど、いろいろな昆虫《こんちゅう》が集《あつ》まります。みんな樹液《じゅえき》を吸《す》うためで、そこは**オスとメスの出会《であ》いの場《ば》**ともなっています。

そもそも樹液《じゅえき》とはなんでしょう。木《き》についた傷《きず》から汁《しる》が出《で》るのですが、それには糖分《とうぶん》がたくさんふくまれています。それがイースト菌《きん》や酵母《こうぼ》の働《はたら》きで分解《ぶんかい》、発《はっ》酵《こう》し、**甘《あま》いお酒《さけ》になったのが樹液《じゅえき》**です。アルコール分《ぶん》と甘酸《あまず》っぱい匂《にお》いを出《だ》し、それが虫《むし》たちを引《ひ》きよせます。

まるで酒場《さかば》に集《あつ》まる男女《だんじょ》のよう。**いわば樹液《じゅえき》は合《ごう》コン会場《かいじょう》**ですが、見方《みかた》を変《か》えれば、メスや良《よ》い席《せき》を力技《ちからわざ》でうばいあう荒《あら》くれ者《もの》たちのキナ臭《くさ》い飲《の》み会《かい》です。

虫紹介

**ノコギリクワガタ（鋸鍬形）**

北海道《ほっかいどう》から九州《きゅうしゅう》にかけて広《ひろ》く生息《せいそく》するが、地域《ちいき》によって大《おお》きさや形《かたち》が異《こと》なる。とくに、九州南部《きゅうしゅうなんぶ》のものは大《おお》きい。

# ホタルの言葉《ことば》には、なまりがある

こんばんはー
おばんどす〜〜

**ゲ**ンジボタルの幼虫《ようちゅう》は清流《せいりゅう》にすみ、カワニナという貝《かい》を食《た》べ、1年《ねん》かけて成長《せいちょう》します。一方《いっぽう》、**成虫《せいちゅう》はなにも食《た》べず**、たった**数週《すうしゅう》間《かん》という短《みじか》い寿命《じゅみょう》**で、その間《かん》に恋《こい》の花《はな》を咲《さ》かせるのです。

彼《かれ》らは声《こえ》を出《だ》さない代《か》わりに、**光《ひかり》でオスとメスが言葉《ことば》を交《か》わします**。寿命《じゅみょう》が短《みじか》く、また彼《かれ》らの移動《いどう》能力《のうりょく》は低《ひく》いため、地域《ちいき》ごとに光《ひかり》の点滅《てんめつ》の間隔《かんかく》がちがいます。いわば**恋《こい》の言葉《ことば》に方言《ほうげん》がある**ということ。観光《かんこう》のために遠《とお》くからホタルを持《も》ってきて放《はな》すことがありますが、これは各地《かくち》固有《こゆう》の生態系《せいたいけい》を崩《くず》すだけでなく、ホタルの恋《こい》の言葉《ことば》を乱《みだ》す無粋《ぶすい》な迷惑行為《めいわくこうい》なのです。

虫紹介

**ゲンジボタル（源氏蛍）**

本州《ほんしゅう》から九州《きゅうしゅう》にかけて生息《せいそく》。美《うつく》しい光《ひかり》によって熱心《ねっしん》に保護《ほご》されるが、この種《しゅ》だけを保護《ほご》しても意味《いみ》がないし、放流《ほうりゅう》は厳《げん》に慎《つつし》みたい。

# ホタルは、蛹《さなぎ》のときも光《ひか》る

**じ**つは、**ホタルには毒《どく》があります。**ホタルをいじくりまわすと、手《て》に独特《どくとく》な匂《にお》いがつきますが、これはカエルや小鳥《ことり》などにとっては美味《おい》しくない成分《せいぶん》のようです。ホタルの光《ひかり》は恋《こい》の言葉《ことば》ですが、それと同時《どうじ》に捕食者《ほしょくしゃ》に対《たい》して「食《た》べてもまずいよ」ということを示《しめ》す警告《けいこく》でもあります。

あまり知《し》られていませんが、ホタルは**卵《たまご》も幼虫《ようちゅう》も蛹《さなぎ》も、すべての成長段階《せいちょうだんかい》で光《ひかり》を放《はな》ち**ます。敵《てき》に対《たい》して自分《じぶん》はまずいんだと示《しめ》すためです。ちなみに成虫《せいちゅう》は赤《あか》と黒《くろ》の色彩《しきさい》ですが、これも警告色《けいこくしょく》。短《みじか》い寿命《じゅみょう》で繁殖《はんしょく》に精《せい》を出《だ》すため、敵《てき》にねらわれている暇《ひま》などないのです。

虫紹介

**ヘイケボタル（平家蛍）**
水田《すいでん》や湿地《しっち》などに生息《せいそく》するが、良《よ》い環境《かんきょう》の指標《しひょう》ともなる。ゲンジボタルよりひと回《まわ》り小型《こがた》だが、味《あじ》わい深《ぶか》い光《ひかり》を放《はな》つ。

# カワトンボのオスは、産卵《さんらん》に付《つ》きそう妻想《つまおも》い?!

トンボの幼虫《ようちゅう》はヤゴと呼《よ》ばれ、水中《すいちゅう》で卵《たまご》から孵化《ふか》して育《そだ》ちます。清流《せいりゅう》にすむカワトンボのなかまは**メスが水《みず》につかり**、できるだけ深《ふか》い場所《ばしょ》の枯《か》れ木《き》などに卵《たまご》を産《う》みつけます。一歩《いっぽ》まちがったら水《みず》に流《なが》されてしまうので、**命《いのち》がけの産卵《さんらん》**です。その間《あいだ》、オスはずっとメスを見守《みまも》っています。

しかし、これはいざというときにメスを助《たす》けるためではありません。ほかのオスが**交尾《こうび》をしないよう見張《みは》っている**のです。メスが必《ひっ》死《し》なときに浮気《うわき》の心配《しんぱい》をして張《は》りついているというわけで、ヒトにたとえればとんでもなく身勝手《みがって》な話《はなし》ですが、厳《きび》しい世界《せかい》なのです。

**虫紹介**

**カワトンボ（川蜻蛉）**

アサヒナカワトンボともいう。本州《ほんしゅう》から九州《きゅうしゅう》にかけての清流《せいりゅう》に生息《せいそく》し、オスには茶色《ちゃいろ》いはねをもつものもいる。

# コオロギの耳《みみ》は脚《あし》にある

昆《こん》虫《ちゅう》の顔《かお》には目《め》も口《くち》もあって、ついつい人間《にんげん》に姿《すがた》を重《かさ》ねてしまうものです。しかし、陸上生《りくじょうせい》活《かつ》に便利《べんり》な点《てん》でたまたま似通《にかよ》っただけで、細《こま》かく見《み》ると全然《ぜんぜん》ちがうものなのです。

たとえば私《わたし》たちは口《くち》と鼻《はな》で呼吸《こきゅう》をしますが、**昆虫《こんちゅう》の呼吸《こきゅう》は腹部《ふくぶ》の穴《あな》**（気門《きもん》）でおこなわれます。目《め》は構造《こうぞう》も見《み》え方《かた》も全然《ぜんぜん》ちがうし、**口《くち》は左右《さゆう》に閉《と》じます。**そして耳《みみ》は昆虫《こんちゅう》によってさまざまな場所《ばしょ》にあり、**コオロギにいたっては、前脚《まえあし》**にあります。きっと顔《かお》にあるより便利《べんり》で使《つか》いやすいのでしょう。なんだか変《へん》に思《おも》えますが、異《こと》なる生《い》き物《もの》なんだから当《あ》たり前《まえ》です。

虫紹介

**エンマコオロギ（閻魔蟋蟀）**

大型《おおがた》で身近《みぢか》なコオロギの仲間《なかま》で、日本各地《にほんかくち》にふつうに見《み》られる。良《よ》い声《こえ》で鳴《な》く。顔《かお》に模様《もよう》があり、かわいらしい。

# ミツバチの針《はり》は、一生《いっしょう》に一度《いちど》しか使《つか》えない

じつは大部分《だいぶぶん》のハチは、ほかの昆虫《こんちゅう》の体内《たいない》に卵《たまご》を産《う》みつけ寄生《きせい》します。家族《かぞく》で生活《せいかつ》をするスズメバチやミツバチは、ハチ全体《ぜんたい》から見《み》たら例外的《れいがいてき》な存在《そんざい》です。

そうした寄生《きせい》するハチは針《はり》のような産卵管《さんらんかん》で相手《あいて》に卵《たまご》を産《う》みつけます。**ミツバチなどの毒針《どくばり》は、その産卵管《さんらんかん》が変化《へんか》したもの**です。

ミツバチの場合《ばあい》、針《はり》にカエシがついていて、**一度敵《いちどてき》に刺《さ》すと抜《ぬ》けません**。つまり、針《はり》を引《ひ》っ張《ぱ》ると**内臓《ないぞう》の方《ほう》が抜《ぬ》けてしまい、死《し》んでしまう**のです。しかし、抜《ぬ》けた内《ない》臓《ぞう》からは「ここを攻撃《こうげき》しろ」と仲《なか》間《ま》に伝《つた》えるフェロモンが出《で》ます。巣《す》を守《まも》る本能《ほんのう》は、すごいのです。

虫紹介

**ニホンミツバチ（日本蜜蜂）**

アジア特産種《とくさんしゅ》で、木《き》のうろなどに巣《す》を作《つく》る。天敵《てんてき》のスズメバチを集団《しゅうだん》で囲《かこ》み、はねをふるわせて熱《ねつ》を出《だ》し、熱死《ねっし》させることができる。

# 蜜《みつ》を集《あつ》めるミツバチは、おばあさんばっかり

ミツバチの働《はたら》きバチは、コンビニ店員《てんいん》さながらに、いろいろな仕事《しごと》をこなします。見事《みごと》な巣作《すづく》り、適切《てきせつ》な子育《こそだ》て、高品質《こうひんしつ》のえさ集《あつ》め、巣《す》の防衛《ぼうえい》など、人間《にんげん》だったらマニュアルが欲《ほ》しくなるところ。それを本能《ほんのう》でやってのけるのだからすごい。

じつはこれらの仕事《しごと》、ハチの**残《のこ》りの寿命《じゅみょう》によって分担《ぶんたん》**されています。若《わか》いハチは子育《こそだ》てなど室内仕《しつないし》事《ごと》をし、歳《とし》を取《と》るにしたがって蜜《みつ》集《あつ》めなど外《そと》の仕事《しごと》に切《き》りかわります。**難《むずか》しい外《そと》の仕事《しごと》には経験《けいけん》が必《ひつ》要《よう》**だというのもありますが、危険《きけん》な仕事《しごと》なので、残《のこ》された寿命《じゅみょう》の少《すく》ないハチがその**危険《きけん》を負《お》う**のです。

虫紹介

**ニホンミツバチ（日本蜜蜂）**

体全体《からだぜんたい》が黒《くろ》っぽいが、セイヨウミツバチの黒《くろ》っぽい個体《こたい》とは案外区別《あんがいくべつ》が難《むずか》しく、はねの脈《みゃく》ではじめて正確《せいかく》に区別《くべつ》できる。

# アゲハの幼虫《ようちゅう》は、成長《せいちょう》して色《いろ》が変《か》わると性格《せいかく》も大胆《だいたん》に変《か》わる

アゲハの幼虫《ようちゅう》は、卵《たまご》から孵化《ふか》して、1・5センチくらいになるまでは白《しろ》と黒《くろ》で鳥《とり》のフンに擬態《ぎたい》した姿《すがた》をしています。その時代《じだい》には、えさを食《た》べるとき以外《いがい》、じっとしていることがほとんどです。

しかし、4回目《かいめ》の脱皮《だっぴ》をすると、**ガラリと様子《ようす》が変《か》わります。**美《うつく》しい緑色《みどりいろ》となり、目玉《めだま》のような模様《もよう》までがつき、派手《はで》なイモムシになるのです。

さらに、彼《かれ》らは**食欲《しょくよく》のかたまり**で、いつでもモリモリとミカンの葉《は》を食《た》べるようになります。活動的《かつどうてき》になるぶん、天敵《てんてき》にねらわれやすくなるためか、少《すこ》し刺激《しげき》するだけで、肉角《にくかく》という**臭《くさ》い突起《とっき》を頭《あたま》のつけ根《ね》から出《だ》して反撃《はんげき》**します。内気《うちき》な白黒時代《くろじだい》からは別人《べつじん》のようですね。

虫紹介

**アゲハチョウ（揚羽蝶）**

ナミアゲハともいう。幼虫《ようちゅう》はミカンやカラスザンショウの葉《は》を好《この》んで食《た》べる。春《はる》先《さき》に出《で》る春型《はるがた》と夏《なつ》に出現《しゅつげん》する夏型《なつがた》では、成虫《せいちゅう》の色調《しきちょう》や大《おお》きさが異《こと》なる。

# カタツムリは、じつは、真夏《まなつ》が苦手《にがて》

カタツムリといえば梅雨《つゆ》の時《じ》期《き》という印象《いんしょう》ですが、それは正解《せいかい》！　陸生《りくせい》の貝《かい》である彼《かれ》らにとって**乾燥《かんそう》は大敵《たいてき》**で、雨《あめ》の間《あいだ》であれば活発《かっぱつ》にあちこち移動《いどう》できます。

そして梅雨《つゆ》が明《あ》けて、夏《なつ》になると、カタツムリにとっては過《す》ごしにくい毎日《まいにち》が始《はじ》まります。カラカラに乾《かわ》いて熱《ねつ》をもった地面《じめん》を歩《ある》けば**体《からだ》の水分《すいぶん》が抜《ぬ》けるので自殺行為《じさつこうい》**だし、**暑《あつ》さにあたると体《からだ》が溶《と》けて**しまいます。

だからカタツムリは夏《なつ》になると「夏眠《かみん》」をします。殻《から》の入《い》り口《ぐち》に膜《まく》を張《は》り、体《からだ》の水分《すいぶん》が抜《ぬ》けないように、日陰《ひかげ》の岩《いわ》などに張《は》りついて、気長《きなが》に雨《あめ》を待《ま》ち続《つづ》けるのです。

虫紹介

**ミスジマイマイ（三条蝸牛）**

カタツムリには分布《ぶんぷ》の狭《せま》い種《しゅ》が多《おお》く、本種《ほんしゅ》は関東南部《かんとうなんぶ》から中部地方《ちゅうぶちほう》にかけて生《せい》息《そく》する。似《に》たようなカタツムリが各地《かくち》に生息《せいそく》する。

# カタツムリの殻《から》は、よごれない

カタツムリってつい手《て》に乗《の》せたくなりますね。でも、寄《き》生虫《せいちゅう》がいることもあり、素手《すで》で触《さわ》るのはあまりよくありません。

カタツムリをじっと見《み》ていると気《き》がつくことがあります。**殻《から》がきれいで、よごれがない**という点《てん》です。じつはカタツムリの殻《から》は、**泥《どろ》やよごれがつかない**複雑《ふくざつ》な構造《こうぞう》になっています。この見事《みごと》な仕組《しく》みは、建物《たてもの》の外壁《がいへき》にいかされ、私《わたし》たちの生活《せいかつ》にも役立《やくだ》てられています。

カタツムリなどいてもいなくても同《おな》じと思《おも》っている人《ひと》もいるかもしれませんが、こうして知恵《ちえ》を授《さず》けてくれる点《てん》からも、生《い》き物《もの》の多《た》様性《ようせい》はとても大事《だいじ》なのです。

虫紹介

**ヒダリマキマイマイ（左巻蝸牛）**

多《おお》くのカタツムリは右巻《みぎま》きだが、本種《ほんしゅ》は左巻《ひだりま》きである。ミスジマイマイと同《おな》じところに見《み》られることもあり、巻《ま》き方《かた》で区別《くべつ》したい。

# カタツムリは、コンクリートも食《た》べている

カタツムリの殻《から》はカルシウム分《ぶん》でできています。そして彼《かれ》らは成長《せいちょう》のためにカルシウムの豊富《ほうふ》なえさを好《この》んで食《た》べています。カタツムリを飼《か》う際《さい》には、卵《たまご》の殻《から》をあげるのが良《よ》いでしょう。**ガリガリと音《おと》を立《た》てて卵《たまご》の殻《から》を削《けず》る**のがわかります。

しかし、自然界《しぜんかい》にはそうそう良《よ》いエサはありません。そこで彼《かれ》らが**目《め》につけたのはコンクリート。**よくカタツムリをブロック塀《べい》で見《み》かけるのは、**塀《へい》を食《た》べに来《き》ている**からです。自然界《しぜんかい》では石灰岩《せっかいがん》をかじったりしますが、街中《まちなか》ではコンクリートこそが、殻《から》を作《つく》るために重要《じゅうよう》なのです。

虫紹介

**ミスジマイマイ（三条蝸牛）**
平地《へいち》から山地《さんち》まで広《ひろ》く生息《せいそく》するが、どこにでもいるわけではない。最近《さいきん》、遺伝《いでん》子《し》により、各地《かくち》に固有《こゆう》の集団《しゅうだん》がいることがわかってきた。

# カタツムリは、じつは筋肉質《きんにくしつ》な体《からだ》をしている

カタツムリの体《からだ》というと、ヌメーッとして、ふにゃふにゃしている印象《いんしょう》ですね。しかしああ見《み》えて、**じつはほとんど筋肉《きんにく》です。**とくに、殻《から》から出《だ》して歩《ある》く部分《ぶぶん》は、**強《きょう》じんな筋肉《きんにく》そのもの。**カタツムリに限《かぎ》らず、巻貝《まきがい》の歩《ある》く部分《ぶぶん》はそういう筋肉《きんにく》でできています。

ちなみに、二枚貝代表《にまいがいだいひょう》のアサリの場合《ばあい》、筋肉《きんにく》にあたるのは斧状《おのじょう》の脚《あし》の部分《ぶぶん》で、買《か》ってきたアサリを塩水《しおみず》につけると、それを出《だ》し入《い》れして歩《ある》いている様子《ようす》を見《み》ることができます。同《おな》じく二枚貝《にまいがい》のカキは、岩場《いわば》などにくっついて歩《ある》く必要《ひつよう》がないので、筋肉《きんにく》が少《すく》なく、美味《おい》しい部分《ぶぶん》はほとんど内臓《ないぞう》なのです。

虫紹介

**クチベニマイマイ（口紅蝸牛）**
本州中部《ほんしゅうちゅうぶ》から近畿地方《きんきちほう》にかけて局所的《きょくしょてき》に分布《ぶんぷ》する。殻《から》の口《くち》が赤《あか》みを帯《お》びることから、この名《な》がある。

# カエルは、食事《しょくじ》のときに目《め》をつむる

カエルには**ほとんど歯《は》がありません。**少《すく》なくとも、獲物《えもの》をかみくだくことはできないし、歯《は》があったとしても、それは獲物《えもの》が口《くち》から逃《に》げ出《だ》さないための滑《すべ》り止《ど》め。だからカエルは獲物《えもの》を丸《まる》のみにします。人間《にんげん》の場合《ばあい》、のどの筋肉《きんにく》を使《つか》って食《た》べ物《もの》をのみこみますが、カエルの場合《ばあい》はえさが大《おお》きいので、それだけでは足《た》りません。

ではどうするかというと、えさをのみこむときに目《め》をつむり、**口《くち》の内側《うちがわ》に飛《と》び出《だ》した目《め》でのどの奥《おく》に押《お》しこんで**います。カエルのかわいくて大《おお》きな目《め》には意外《いがい》な使《つか》い道《みち》があったのです。ちなみにアフリカツメガエルは目《め》が小《ちい》さく、前脚《まえあし》を使《つか》って口《くち》にエサを押《お》しこみます。

虫紹介

**トノサマガエル（殿様蛙）**

日本《にほん》の水辺《みずべ》のカエルでは大型《おおがた》で、美《うつく》しい模様《もよう》とその貫禄《かんろく》から殿様《とのさま》の名《な》にふさわしい。近年《きんねん》では開発《かいはつ》で激減《げきげん》し、各地《かくち》で絶滅《ぜつめつ》しつつある。

# ヒキガエルは、見《み》た目《め》に反《はん》して声《こえ》が小《ちい》さい

ヒキガエルは日本在来《にほんざいらい》のカエルでいちばん大《おお》きい種《しゅ》です。早春《そうしゅん》になると池《いけ》や水《みず》たまりに集《あつ》まって繁殖《はんしょく》します。そのときオスは、**メスが来《く》ると見境《みさかい》なく飛《と》びつき**、争《あらそ》うようにメスに群《むら》がる様子《ようす》から「カエル合戦《がっせん》」ともいわれます。

この時期《じき》オスは、**大《おお》きな体《からだ》に見合《みあ》わず、意外《いがい》なほど小《ちい》さな声《こえ》**で鳴《な》きます。ククク、ココココと聞《き》こえるその声《こえ》は、小《ちい》さなアマガエルよりもずっとささやか。それもそのはず。声《こえ》を出《だ》すには「鳴嚢《めいのう》」という袋《ふくろ》を使《つか》いますが、アマガエルがそれを顔《かお》の何倍《なんばい》にもふくらませるのに対《たい》し、ヒキガエルは**鳴嚢《めいのう》らしい鳴嚢《めいのう》がない**ほどに小《ちい》さいのです。

虫紹介

**ニホンヒキガエル（日本蟇）**

日本在来《にほんざいらい》のカエルでは最大《さいだい》で、ずっしりと重《おも》い。繁殖期以外《はんしょくきいがい》は水《みず》から離《はな》れた場《ば》所《しょ》で生活《せいかつ》し、昆虫《こんちゅう》を中心《ちゅうしん》にさまざまな小動物《しょうどうぶつ》を食《た》べる。

# ヒキガエルは、見《み》た目《め》に反《はん》して子供《こども》のころはチビだ

ヒキガエルが1匹《ぴき》で産《う》む卵《たまご》の数《かず》は、カエルのなかでも多《おお》く、その数《かず》なんと8000個《こ》以上《じょう》。孵化《ふか》したオタマジャクシの多《おお》くは、いろいろな動物《どうぶつ》に食《た》べられますが、運《うん》よく生《い》き残《のこ》れると、夏前《なつまえ》にはカエルに成長《せいちょう》します。おどろくべきはその子《こ》ガエルの小《ちい》ささ。15センチほどにもなる大《おお》きな親《おや》に比《くら》べ、わずか7〜8ミリしかありません。しかし、上陸《じょうりく》してからはものすごい勢《いきお》いで成長《せいちょう》し、半年《はんとし》で10センチほどまでに育《そだ》ちます。

これとは対照的《たいしょうてき》に、ウシガエルはオタマジャクシのまま水中《すいちゅう》で冬《ふゆ》を越《こ》し、その体長《たいちょう》はなんと10センチにもなります。

虫紹介

**アズマヒキガエル（東蟇）**

東日本《ひがしにほん》に生息《せいそく》する。関東地方《かんとうちほう》には西日本《にしにほん》に生息《せいそく》するニホンヒキガエルが持《も》ちこまれているが、鼓膜《こまく》の大《おお》きさによって区別《くべつ》できる。

# アマガエルは、脱《ぬ》いだ皮《かわ》をきちんと食《た》べる（エコ？）

まぁ そんな
おいしいもんでは
ないかな・・・

基《き》本的《ほんてき》に両生類《りょうせいるい》も脱皮《だっぴ》をします。ただし、私《わたし》たちが日焼《ひや》けで皮《かわ》がむけるように、薄皮《うすかわ》が一《いち》枚《まい》むけるだけ。脱皮《だっぴ》は成長《せいちょう》のためにあると考《かんが》えがちですが、薄皮《うすかわ》がむけるだけなので、そこまでたいした意味《いみ》はなさそうです。ではなんのためかというと、おそらく新《しん》陳代謝《ちんたいしゃ》の一環《いっかん》として、古《ふる》い皮《かわ》を脱《ぬ》ぎすてているのでしょう。

アマガエルなど、多《おお》くのカエルはその**皮《かわ》を食《た》べながら脱皮《だっぴ》**します。皮《かわ》にはたんぱく質《しつ》が豊富《ほうふ》で、**すてるのはもったいない**のです。ヒトにたとえるとちょっと汚《きたな》い気《き》もしますが、カエルの体《からだ》には抗菌物質《こうきんぶっしつ》があるので案外清潔《あんがいせいけつ》なのでしょう。

虫紹介

**ニホンアマガエル（日本雨蛙）**

身近《みぢか》なカエルの一種《いっしゅ》で、湿潤《しつじゅん》な地域《ちいき》では、空《あ》き地《ち》などにも生息《せいそく》している。夏《なつ》になってもにぎやかに鳴《な》いているのはこの種《しゅ》が多《おお》い。

# アマガエルは、動《うご》かない時間《じかん》が長《なが》い（これもエコ？）

陸《りく》にすむカエルの多《おお》くは夜行《やこう》性《せい》です。なぜかというと、まずは乾燥《かんそう》に弱《よわ》いこと。太陽《たいよう》にあたるとたちまち干《ひ》からびてしまいます。また、夜《よる》はえさとなる昆虫《こんちゅう》が活発《かっぱつ》で捕《つか》まえやすいからです。

そのため、昼間《ひるま》、草《くさ》の上《うえ》にいるアマガエルを見《み》つけても、そのほとんどが寝《ね》ています。草《くさ》の上《うえ》にぴたりと張《は》りつき、**腹部《ふくぶ》が乾燥《かんそう》しないように**しています。背中側《せなかがわ》がカピカピになっていることがありますが、これは**粘液《ねんえき》を乾《かわ》かして、皮《ひ》膚《ふ》を保護《ほご》**しているためです。よく寝《ね》るのは無駄《むだ》なエネルギーを使《つか》わないためで、カエルは寝《ね》ながらにして万全《ばんぜん》を尽《つ》くしているのです。

虫紹介

**ニホンアマガエル（日本雨蛙）**

まれに青《あお》や白《しろ》などの色彩変異《しきさいへんい》が現《あらわ》れ、新聞《しんぶん》などで話題《わだい》となる。北海道《ほっかいどう》から九州《きゅうしゅう》まで広《ひろ》く生息《せいそく》するが、夏《なつ》に乾燥《かんそう》する地方《ちほう》には少《すく》ない。

# オタマジャクシには、じつは歯《は》がある

オタマジャクシは腐《くさ》った植物《しょくぶつ》や動物《どうぶつ》の死《し》がいを食《た》べます。どうやって食《た》べるのかというと、**小《ちい》さな口《くち》についた歯《は》でえさをかじりとり**ます。だからオタマジャクシにゆでた野菜《やさい》などをあげてみると、**口《くち》をスリスリとして、歯《は》を使《つか》う**様子《ようす》がわかります。

これには例外《れいがい》もあり、アフリカツメガエルなど、えさを丸《まる》のみにするオタマジャクシもいて、それには歯《は》がありません。ちなみにオタマジャクシはどのカエルもよく似《に》ていますが、「歯式《ししき》」という歯《は》の配列《はいれつ》を使《つか》うと、種《しゅ》を正確《せいかく》に区別《くべつ》できます。種《しゅ》ごとに歯《は》の配列《はいれつ》が異《こと》なることが多《おお》いのです。

虫紹介

**ニホンアカガエル（日本赤蛙）**

本州《ほんしゅう》から九州《きゅうしゅう》の湿地《しっち》に生息《せいそく》し、冬《ふゆ》の寒《さむ》いうちから産卵《さんらん》を開始《かいし》する。ヤマアカガエルによく似《に》ているが、模様《もよう》などが異《こと》なる。

# オカダンゴムシは、江戸時代《えどじだい》にはいなかった

ダンゴムシといえば身近《みぢか》な虫《むし》の代表《だいひょう》。だれもが子供《こども》のころに捕《つか》まえて遊《あそ》んだ記憶《きおく》があるはずです。そのダンゴムシの正式名称《せいしきめいしょう》は「オカダンゴムシ」。じつはもともと日本《にほん》にはいない種《しゅ》で、明治時代《めいじじだい》に**船《ふね》の積《つ》み荷《に》に乗《の》って**ヨーロッパから伝来《でんらい》したといわれています。つまり**江戸時代《えどじだい》の子供《こども》たちは、ダンゴムシで遊《あそ》んでいなかった**のです。これだけ身近《みぢか》な虫《むし》なのに、和歌《わか》や古文書《こもんじょ》に登場《とうじょう》しないのはそういうわけです。

ちなみに日本在来《にほんざいらい》のダンゴムシもいますが、森林《しんりん》にいることが多《おお》く、公園《こうえん》や住宅地《じゅうたくち》で目《め》にする機会《きかい》は少《すく》ないでしょう。

虫紹介

**オカダンゴムシ（丘団子虫）**

[外来種《がいらいしゅ》] 体長《たいちょう》1センチ程度《ていど》で、公園《こうえん》や空《あ》き地《ち》の石《いし》の下《した》、花《か》だんなどにも生息《せいそく》する。街中《まちなか》に多《おお》く、逆《ぎゃく》に山間部《さんかんぶ》ではあまり見《み》られない。

# オカダンゴムシは、前《まえ》と後《うし》ろ半分《はんぶん》ずつ脱皮《だっぴ》する

ダンゴムシは昆虫《こんちゅう》やエビ、カニなどと同《おな》じく、「節足動物《せっそくどうぶつ》」の仲間《なかま》です。節足動物《せっそくどうぶつ》は外骨格《がいこっかく》といって、硬《かた》い骨《ほね》が外《そと》にあり、それを定期的《ていきてき》にぬぎすてることによって成長《せいちょう》します。だから当然《とうぜん》ダンゴムシも脱皮《だっぴ》するのですが、その様子《ようす》が面白《おもしろ》い。**後《うし》ろ半分《はんぶん》を先《さき》に、前半分《まえはんぶん》を後《あと》に別々《べつべつ》に脱皮《だっぴ》する**のです。考《かんが》えてみると、長《なが》いだ円形《えんけい》の体《からだ》で、硬《かた》い殻《から》を一気《いっき》にぬぎすてるのは難《むずか》しそうですね。きっとこの方法《ほうほう》がダンゴムシにはいちばんいいのでしょう。

　ちなみにこの方法《ほうほう》、節足動物《せっそくどうぶつ》でも特殊《とくしゅ》で、ちゃんと「二相性脱皮《にそうせいだっぴ》」という言葉《ことば》もあります。声《こえ》を出《だ》して言《い》ってみて。はい、二相性脱皮《にそうせいだっぴ》。使《つか》えないけど覚《おぼ》えよう。

虫紹介

**オカダンゴムシ（丘団子虫）**

ダンゴムシには丸《まる》まるタイプと丸《まる》まらないタイプがいるとされることもあるが、丸《まる》まらないタイプはワラジムシという遠《とお》い親戚《しんせき》。

# 世《よ》の中《なか》には、まっ青《さお》な体《からだ》のダンゴムシが存在《そんざい》する

ダンゴムシがブロックや板《いた》きれの下《した》にいることは、幼稚《ようち》園児《えんじ》は本能的《ほんのうてき》に知《し》っています。無《む》心《しん》でそれらを起《お》こしてはダンゴムシを捕《つか》まえ、ポケットに入《い》れ、そして知《し》らずにお母《かあ》さんが洗濯《せんたく》して大騒動《だいそうどう》！　とはよくある事件《じけん》です。

ダンゴムシをたくさん捕《つか》まえると、いろいろな色《いろ》のものがいることがわかります。**ときには青《あお》いダンゴムシを見《み》つける**こともあるでしょう。明《あか》るく美《うつく》しい青色《あおいろ》。これは突然変異《とつぜんへんい》で、たまに生《う》まれるものです。なかには**白《しろ》いものや、逆《ぎゃく》にまっ黒《くろ》のもの**もいます。園児《えんじ》たちの格好《かっこう》の標的《ひょうてき》となり、ダンゴムシにとっては不運《ふうん》な話《はなし》ですね。

虫紹介

**オカダンゴムシ（丘団子虫）**

丸《まる》まる生《い》き物《もの》といえばアルマジロであるが、ダンゴムシの学名《がくめい》はアルマディリディウムといい、「小《ちい》さなアルマジロ」の意味《いみ》である。

# 世《よ》の中《なか》には、まっ青《さお》な体《からだ》のミミズも存在《そんざい》する

ミミズといえば肌色《はだいろ》ですね。いまは肌色《はだいろ》というと怒《おこ》られるらしいけれど、まあ一般的《いっぱんてき》な日本人《にほんじん》の肌《はだ》の色《いろ》に近《ちか》い色《いろ》でしょう。しかし世界《せかい》は広《ひろ》い。**世《よ》の中《なか》には青《あお》いミミズもいる**のです。

その代表《だいひょう》はシーボルトミミズで、温暖《おんだん》な地域《ちいき》の山《やま》のなかに生息《せいそく》しています。**青《あお》い体《からだ》が虹色《にじいろ》に輝《かがや》き**、なんとも美《うつく》しい。といいたいところですが、なにしろ**体長《たいちょう》30センチの巨大《きょだい》ミミズ**。たまに山道《さんどう》で見《み》かけると、ギョッとさせられます。この色《いろ》が鉱石《こうせき》や甲虫《こうちゅう》であれば美《うつく》しいといわれるのでしょうが、ミミズだとギョッとなってしまうとは、なんとも人間《にんげん》の感覚《かんかく》は勝手《かって》です。

虫紹介

**シーボルトミミズ（シーボルト蚯蚓）**

日本最大級《にほんさいだいきゅう》のミミズで、本州中部以西《ほんしゅうちゅうぶいせい》の西日本《にしにほん》に多《おお》い。行動《こうどう》は俊敏《しゅんびん》で、山《やま》で見《み》つけるとそのすばやさにもおどろかされる。

# ミミズは、うんちでタワーを建《た》てる

**ミ**ミズは偉大《いだい》です。彼《かれ》らは土《つち》を食《た》べ、出《だ》すフンがまた土《つち》となり、植物《しょくぶつ》に吸収《きゅうしゅう》されやすい栄《えい》養素《ようそ》となります。つまり、ミミズが土《つち》を良《よ》い状態《じょうたい》に分解《ぶんかい》してくれる。**ミミズが土《つち》を作《つく》りだす**といっても過言《かごん》ではないでしょう。かのダーウィンも、ミミズのその役割《やくわり》に注《ちゅう》目《もく》し、じつは研究《けんきゅう》の大半《たいはん》をミミズに費《つい》やしています。

ミミズがたくさんいるところは、地面《じめん》の上《うえ》にミミズのフンがあります。フンといっても土《つち》そのものなので汚《きたな》くはありません。なかには**塔《とう》のように高々《たかだか》とそれを積《つ》み上《あ》げる**ものもいます。ミミズは独創的《どくそうてき》な芸術作品《げいじゅつさくひん》をも作《つく》るようです。

虫紹介

**フツウミミズ（普通蚯蚓）**

ミミズは似《に》たものが多《おお》く、区別《くべつ》が難《むずか》しい。この種《しゅ》はふつうにいるようだが、どれがそうなのかは、私《わたし》にはなかなか区別《くべつ》がつかない。

# ミミズの体《からだ》には、じつは毛《け》が生《は》えている

ちょっと
あんまりジロジロ
見《み》ないで下《くだ》さい!!

ミミズを見《み》ていると、その**歩《ある》き方《かた》が案外《あんがい》面白《おもしろ》い**ことに気《き》づくでしょう。体《からだ》を伸《の》び縮《ちぢ》みさせ、器用《きよう》に進《すす》みます。伸《の》び縮《ちぢ》みには、体《からだ》の各部分《かくぶぶん》の筋肉《きんにく》を使《つか》うほか、**水《すい》分《ぶん》であちこちを固《かた》くしたりやわらかくしたり**します。そして、各節《かくせつ》に生《は》えている**毛《け》を地面《じめん》にひっかけて**、前《まえ》に進《すす》んでいるのです。

一見《いっけん》、丸裸《まるはだか》に見《み》えるミミズですが、じつは毛《け》が生《は》えています。短《みじか》くてかたい毛《け》で、地面《じめん》にひっかけるのに適《てき》しています。大《おお》きなミミズをいじくりまわすと、その毛《け》が手《て》にひっかかる感覚《かんかく》を体験《たいけん》することができるでしょう。手《て》が少《すこ》し臭《くさ》くなるけれど、お試《ため》しあれ。

虫紹介

**シマミミズ（縞蚯蚓）**

世界《せかい》に広《ひろ》く生息《せいそく》し、釣《つ》りえさとして売《う》られているのはほとんどこの種《しゅ》である。その名《な》のとおり、体《からだ》に縞模様《しまもよう》がある。

こらむ 2

# 「脱皮《だっぴ》」から逃《のが》れられない昆虫《こんちゅう》たち

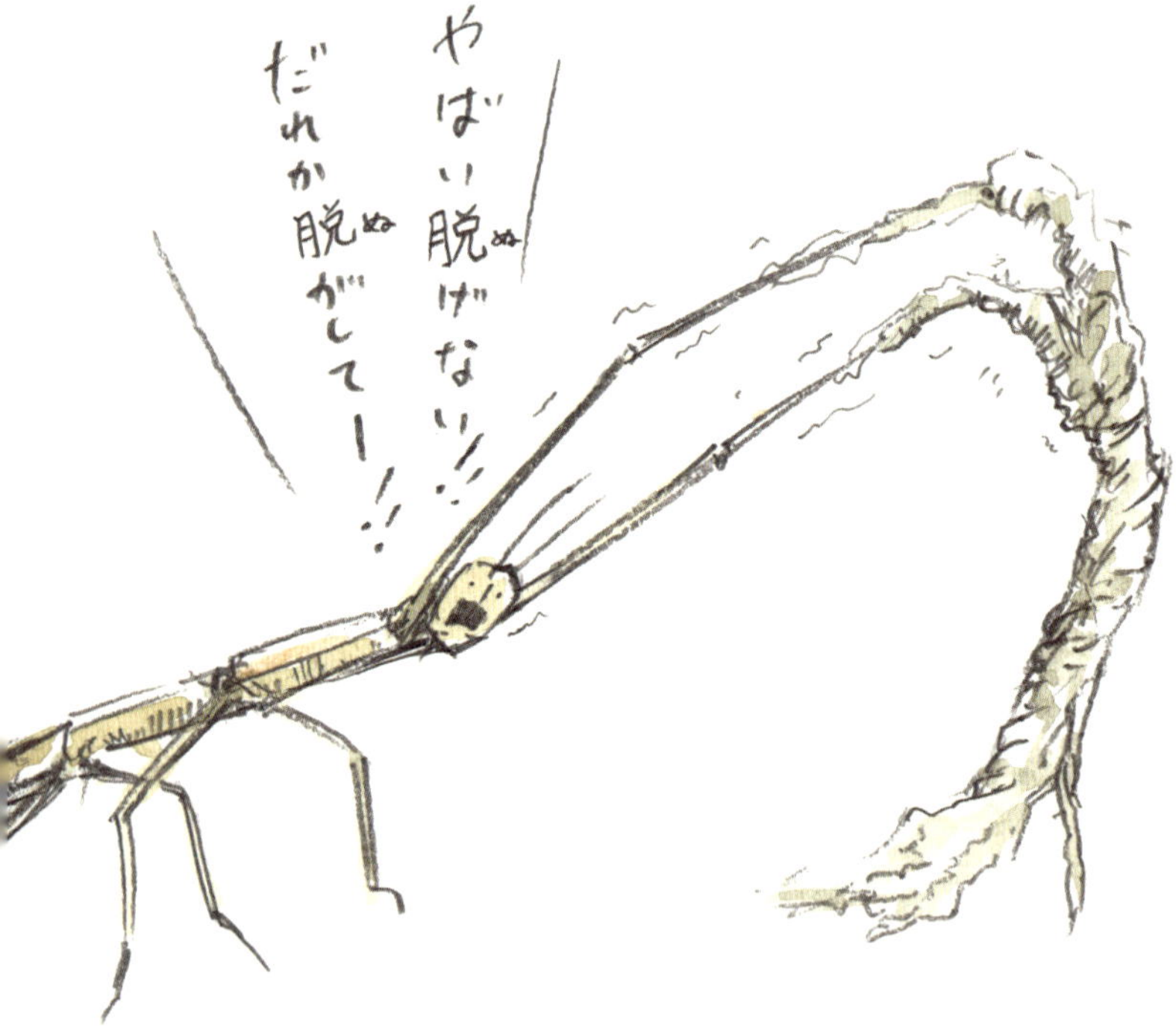


昆虫《こんちゅう》はそこら辺《へん》にいて、だれもが知《し》っていて、一度《いちど》は見《み》たことも、触《さわ》ったことも、ポケットに入《い》れたこともある生《い》き物《もの》でしょう。けれど、どんなになじみ深《ぶか》い生《い》き物《もの》でも、成長《せいちょう》の仕方《しかた》は人間《にんげん》のそれとは大《おお》きくかけはなれています。

昆虫《こんちゅう》はもっとも成功《せいこう》している生《い》き物《もの》ですが、「硬《かた》い外骨格《がいこっかく》」におおわれていることで、じつにやっかいな点《てん》があります。成《せい》長《ちょう》するのに合《あ》わせて、いちいちその硬《かた》い殻《から》を脱《ぬ》がないといけないのです。私《わたし》たち人間《にんげん》は、大《おお》きくなるときに皮《ひ》ふを脱《ぬ》ぐということはしません。中《なか》の骨《ほね》が伸《の》びるのといっしょに外側《そとがわ》の皮《かわ》も伸《の》

びてくれるからです。けれど昆虫《こんちゅう》の硬《かた》い殻《から》は、伸《の》びてはくれません。そこで成長《せいちょう》してきゅうくつになると、脱皮《だっぴ》をして対応《たいおう》するのです。考《かんが》えてみると不思議《ふしぎ》な成長《せいちょう》の仕方《しかた》です。

だいたいの昆虫《こんちゅう》は一生《いっしょう》の間《あいだ》に脱皮《だっぴ》する回数《かいすう》が種《しゅ》によって決《き》まっています。それに対《たい》して、ダンゴムシなどの甲殻類《こうかくるい》は脱皮《だっぴ》の回数《かいすう》に決《き》まりはありません。限度《げんど》はありますが、年《とし》をとった個体《こたい》ほど体《からだ》が大《おお》きくなります。

## 第《だい》3章《しょう》

# 嫌《きら》われ虫《むし》の意外《いがい》な一面《いちめん》

今《いま》までとまったくちがう一面《いちめん》を
見《み》せられると、好《す》きになることがある。
最初《さいしょ》は苦手《にがて》だったのに、
いつの間《ま》にか仲良《なかよ》くなってるってことは、
そういうことだ。

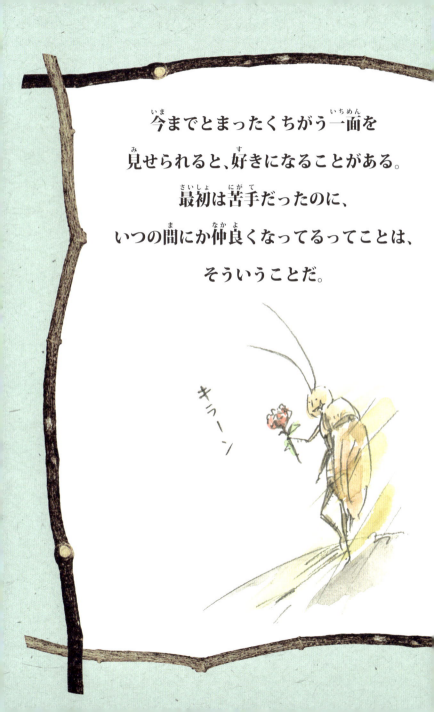

じつは、

オスの力は花《はな》の蜜《みつ》を吸《す》う

案《あん》外知《がいし》られていないことですが、カと一口《ひとくち》にいっても、**大部分《だいぶぶん》のカは人《ひと》を刺《さ》さず**に、ほかの動物《どうぶつ》の血《ち》を吸《す》うもので、人《ひと》の血《ち》を吸《す》うカでも、それはメスだけの話《はなし》。ではなぜメスだけが血《ち》を吸《す》うかというと、**お腹《なか》の卵《たまご》に栄養《えいよう》を行《い》きわたらせるため**と、産卵場所《さんらんばしょ》探《さが》しで動《うご》き回《まわ》るためにエネルギーが必要《ひつよう》だからです。

一方《いっぽう》オスはオスで、メスを探《さが》すためのエネルギーが必要《ひつよう》です。オスがなにを食《た》べているかというと、それは**意外《いがい》にも花《はな》の蜜《みつ》**。夜《よる》にこっそりと花《はな》を訪《おとず》れ、蜜《みつ》を吸《す》っているのです。オスはメスよりも体《からだ》が小《ちい》さく、また動《うご》き回《まわ》る時間《じかん》が時間《じかん》だけに、このメルヘンチックな事実《じじつ》に気《き》がつく人《ひと》は少《すく》ないでしょう。

虫紹介

**ヒトスジシマカ（一筋縞蚊）**

本来《ほんらい》は東《ひがし》アジアにしかいなかったが、いまでは世界各地《せかいかくち》に持《も》ちこまれている。草《くさ》むらで刺《さ》される機会《きかい》のもっとも多《おお》いカである。

ハエ叩《たた》きを余裕《よゆう》でかわす
飛翔能力《ひしょうのうりょく》は昆虫界一《こんちゅうかいいち》

最《さい》近《きん》はあまり使《つか》うことがなくなりましたが、昔《むかし》はどこの家《いえ》にもハエ叩《たた》きがありました。棒《ぼう》の先《さき》に15センチ角《かく》らいのかたい網《あみ》がついた道具《どうぐ》で、その名《な》のとおりハエを叩《たた》くのに使《つか》います。

　昔《むかし》は**どこからともなくハエがやってきて**、食《た》べ物《もの》にとまると汚《きたな》いので、食卓《しょくたく》のお皿《さら》に網《あみ》（蝿帳《はいちょう》）をかぶせたり、叩《たた》いてつぶしたりしていました。私《わたし》も子供《こども》のころには嬉々《きき》として退治《たいじ》したものです。

　しかし、これがなかなかうまくいきません。ハエはとても俊敏《しゅんびん》な生《い》き物《もの》。私《わたし》を**あざ笑《わら》うかのようにハエ叩《たた》きを見事《みごと》にかわす**のです。ハエの感覚《かんかく》からすれば、ヒトの動《うご》きなど、とてものろまに見《み》えているにちがいありません。

虫紹介

**イエバエ（家蝿）**

世界《せかい》に広《ひろ》く生息《せいそく》するハエであるが、似《に》た種《しゅ》も多《おお》く、一般《いっぱん》には区別《くべつ》されていない。不潔《ふけつ》な場所《ばしょ》を好《この》み、感染症《かんせんしょう》を媒介《ばいかい》することもある。

# カメムシも鳴《な》く

鳴《な》く虫《むし》といえばセミやキリギリスですが、**じつは多《おお》くの虫《むし》が鳴《な》いています。**もっと正確《せいかく》にいえば発音《はつおん》をしています。その音《おと》は、小《ちい》さすぎるか人間《にんげん》の耳《みみ》では感《かん》じない音域《おんいき》で、ほとんどの場合《ばあい》、直接聞《ちょくせつき》こえることはありません。

アリもカブトムシも、音《おと》で仲間《なかま》どうしやりとりをしていて、それは**カメムシも同《おな》じ。**海岸《かいがん》や空《あ》き地《ち》のセリ科植物《かしょくぶつ》の花《はな》の上《うえ》にアカスジカメムシというよく目立《めだ》つ赤《あか》い筋《すじ》のカメムシがいますが、彼《かれ》らは**ブーブーと人《ひと》でも聞《き》こえる音《おと》を出《だ》す**ことがあります。きっとほかの、カメムシの多《おお》くも、なんらかの声《こえ》を出《だ》していると考《かんが》えられます。

虫紹介

**アカスジカメムシ（赤筋亀虫）**

北海道《ほっかいどう》から沖縄《おきなわ》にかけて広《ひろ》く生息《せいそく》する１センチ程度《ていど》のカメムシ。その名《な》のとおり、黒地《くろじ》に赤《あか》い筋《すじ》があり、なんともおしゃれである。

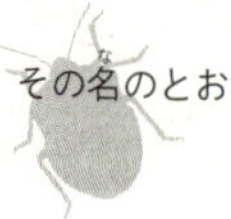

# カメムシの匂《にお》いに、周《まわ》りの仲間《なかま》も逃《に》げ出《だ》す

カメムシの匂《にお》いが強烈《きょうれつ》なことは、多《おお》くの人《ひと》にとって周知《しゅうち》の事実《じじつ》でしょう。彼《かれ》らが家《いえ》の外《そと》にいるだけなら、あまり関係《かんけい》のない話《はなし》ですが、秋口《あきぐち》になると、越冬《えっとう》のために室内《しつない》に入《はい》ってくるものも少《すく》なくありません。そして、押《お》し入《い》れや家具《かぐ》のすき間《ま》などに入《はい》りこんだり、暖《あたた》かい日《ひ》には室内《しつない》をブンブンと飛《と》び回《まわ》ったり、**うかつに触《ふ》れてしまったらさいご、強烈《きょうれつ》な匂《にお》いを出《だ》され**、大変《たいへん》な目《め》にあいます。

じつはこの匂《にお》い、自身《じしん》や仲間《なかま》にとっても強烈《きょうれつ》なようで、せまい入《い》れ物《もの》の中《なか》に複数《ふくすう》入《い》れて刺激《しげき》すると、**自分《じぶん》たちの匂《にお》いで死《し》んでしまう**ことさえあるのです。

虫紹介

**クサギカメムシ（臭木亀虫）**

日本全土《にほんぜんど》に広《ひろ》く生息《せいそく》し、果樹《かじゅ》などの害虫《がいちゅう》とされることもある 15 ミリほどのカメムシ。ときに大発生《だいはっせい》し、冬《ふゆ》に人家《じんか》に入《はい》りこむ。

# カメムシなのに案外《あんがい》おしゃれ

カメムシというと、タマムシやコガネムシなどの甲虫《こうちゅう》に比《くら》べ、垢《あか》ぬけないという印象《いんしょう》です。しかし、じっくり見《み》てみれば、**美《うつく》しい模様《もよう》があっておしゃれなもの**も少《すく》なくありません。とくに美《うつく》しいのはキンカメムシの仲間《なかま》で、日《に》本《ほん》ではアカスジキンカメムシとニシキキンカメムシが双璧《そうへき》です。

後者《こうしゃ》はかなり珍《めずら》しい種《しゅ》ですが、前者《ぜんしゃ》は割《わり》とふつうで、5～6月《がつ》ごろに樹木《じゅもく》の豊《ゆた》かな緑地《りょくち》でじっくり探《さが》せば、葉《は》の上《うえ》などに見《み》つけることができます。このカメムシ、美《うつく》しいだけでなく、**なんと匂《にお》いも悪《わる》くない**。どこか**青《あお》リンゴのようなさわやかな香《かお》り**を放《はな》つのです。

虫紹介

**アカスジキンカメムシ（赤筋金亀虫）**

2センチ程度《ていど》の大《おお》きくて美《うつく》しいカメムシで、本州《ほんしゅう》から九州《きゅうしゅう》にかけて生息《せいそく》する。さまざまな植物《しょくぶつ》を食《た》べるので、探《さが》す場所《ばしょ》が無数《むすう》にある。

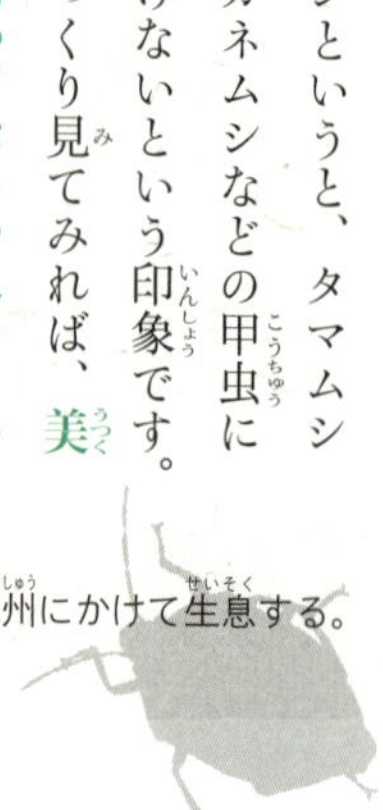

# エサキモンキツノカメムシの背中《せなか》には愛《あい》の印《しるし》がある

カメムシは多様《たよう》な昆虫《こんちゅう》の一群《いちぐん》で、じつはミズカマキリやタガメ、アメンボもカメムシの仲間《なかま》で、本当《ほんとう》に小《ちい》さい種《しゅ》や、土《つち》の中《なか》だけに生息《せいそく》するような種《しゅ》もいます。

さらに、カメムシについて興味《きょうみ》深《ぶか》いことは、子育《こそだ》てをする種《しゅ》がいるということ。幼虫《ようちゅう》のためにエサを運《はこ》ぶものもいるし、タガメは卵《たまご》を守《まも》ります。いちばん身近《みぢか》なカメムシで子育《こそだ》てをするのはエサキモンキツノカメムシでしょう。葉《は》の上《うえ》に卵《たまご》の塊《かたまり》を産《う》みつけ、そこにおおいかぶさって卵《たまご》を敵《てき》から守《まも》ります。背中《せなか》にはハートマークがついていて、卵《たまご》を守《まも》る様子《ようす》とハートマークに思《おも》わず心《こころ》が温《あたた》まりますね。

虫紹介

**エサキモンキツノカメムシ（江崎紋黄角亀虫）**

北海道《ほっかいどう》から九州《きゅうしゅう》にかけて広《ひろ》く生息《せいそく》し、ミズキやカラスザンショウなどの葉《は》を見《み》回《まわ》ると見《み》つけることができる。

# ナメクジは
# カタツムリの進化《しんか》した姿《すがた》？！

ナメクジというと野暮《やぼ》ったい印象《いんしょう》で、人気《にんき》の点《てん》からすると、**カタツムリよりはるかに格下《かくした》**といえるでしょう。もしナメクジを好《この》んで飼育《しいく》する子供《こども》がいたら、変《か》わった趣味《しゅみ》ともいえるし、色眼鏡《いろめがね》のない見方《みかた》ができる殊勝《しゅしょう》な子《こ》だと感心《かんしん》すらします。

さて、そのナメクジ、じつは「**殻《から》をすてたカタツムリ**」なのです。**ご先祖《せんぞ》はカタツムリ**でしたが、進化《しんか》の過程《かてい》で殻《から》をもつのをやめました。それによってかなり身軽《みがる》になり、倒木《とうぼく》の下《した》に入《はい》るなど、自由《じゆう》にいろいろな場所《ばしょ》で活動《かつどう》できるようになったのです。**殻《から》がない分外敵《ぶんがいてき》には弱《よわ》くなり**ましたが、それでも殻《から》をすてたほうが生《い》きるのに有利《ゆうり》だったのでしょう。

虫紹介

**チャコウラナメクジ**
**（茶甲羅蛞蝓）**

［外来種《がいらいしゅ》］人家《じんか》の近《ちか》くに多《おお》い。夜行性《やこうせい》で、昼間《ひるま》は植木鉢《うえきばち》などの下《した》にいる。外来《がいらい》のナメクジでは、本種《ほんしゅ》がいまは全国的《ぜんこくてき》に広《ひろ》がっている。

# クモの糸《いと》の種類《しゅるい》は７つある

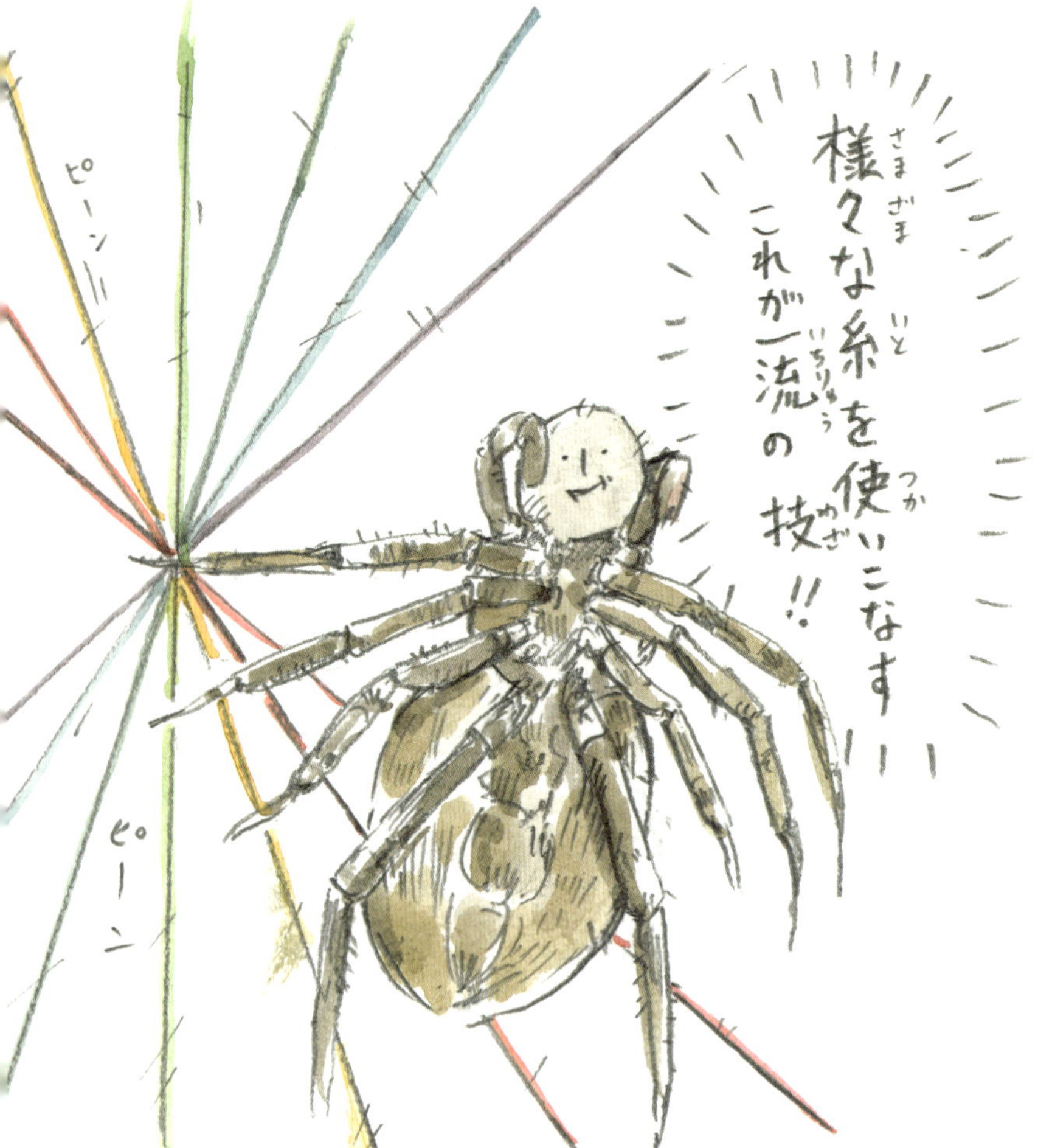

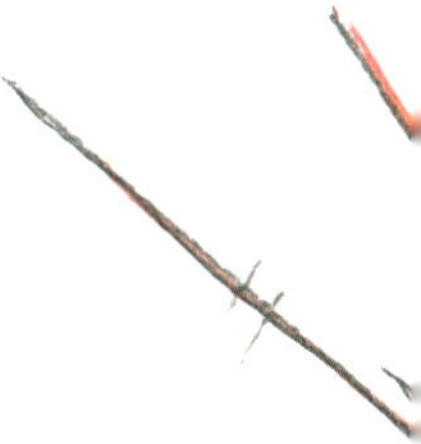

クモの巣《す》に使《つか》われている糸《いと》は、一見《いっけん》すべて同《おな》じに見《み》えますが、じつは、**7種類《しゅるい》の異《こと》なる糸《いと》**でできています。

まず巣《す》の一番外側《いちばんそとがわ》に張《は》る「枠糸《わくいと》」、枠《わく》糸《いと》と巣《す》の中心《ちゅうしん》を結《むす》ぶ「縦糸《たていと》」、その縦糸《たていと》にはぐるぐると「横糸《よこいと》」を張《は》りめぐらせています。そうして作《つく》られた巣《す》は、木《き》の枝《えだ》などに「繋留糸《けいりゅういと》」でつながれています。

また、**自分《じぶん》がふいに落《お》ちても大丈夫《だいじょうぶ》**なように、「牽引糸《けんいんいと》」を出《だ》し、それと巣《す》を「付着盤《ふちゃくばん》」でつなげています。その上《うえ》、クモによっては巣《す》の中心《ちゅうしん》に自分《じぶん》の居場所《いばしょ》となる「こしき」という部分《ぶぶん》を作《つく》ります。

じつは、腹部《ふくぶ》にある糸《いと》を出《だ》す孔《あな》も複数《ふくすう》あり、それぞれちがう性質《せいしつ》の糸《いと》を出《だ》していることが多《おお》いのです。器用《きよう》な話《はなし》です。

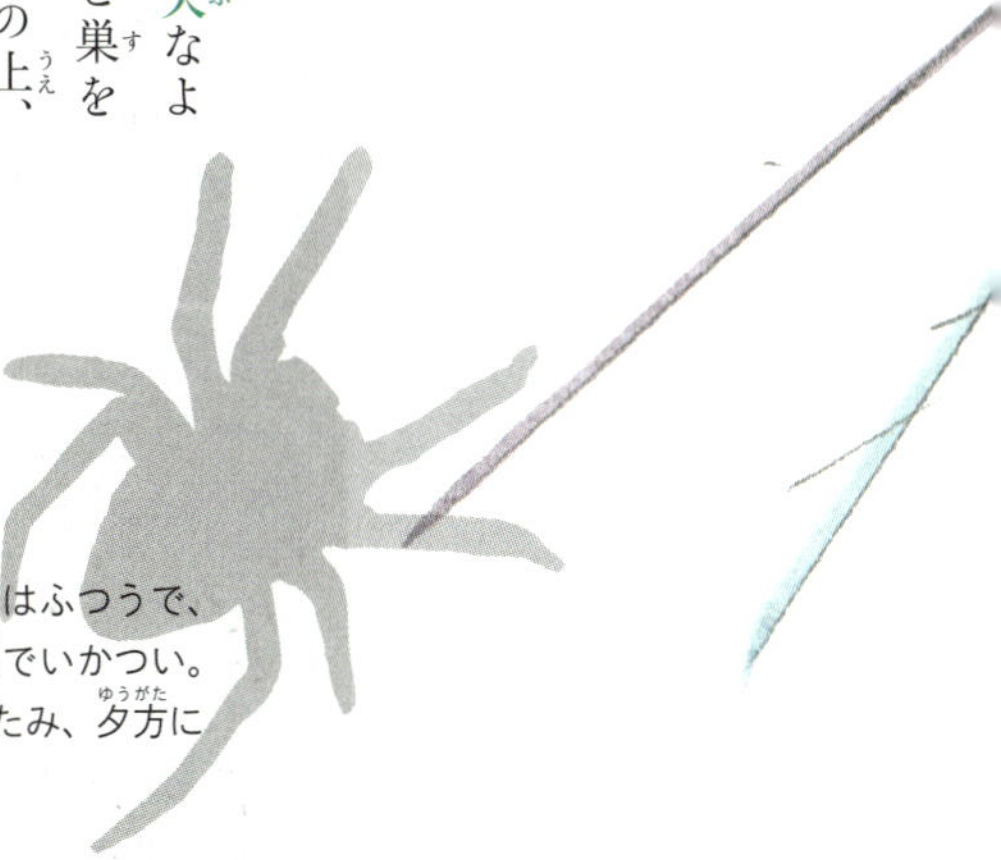

虫紹介

**オニグモ（鬼蜘蛛）**

大型《おおがた》の網《あみ》を作《つく》るクモとしてはふつうで、メスはその名《な》とおり、大型《おおがた》でいかつい。夜行性《やこうせい》で、昼間《ひるま》には巣《す》をたたみ、夕方《ゆうがた》に巣《す》を作《つく》る。

# 縦糸《たていと》がねばつかないのは、クモの巣《す》のひみつ

ほら、くっつかないから
触《さわ》ってみな
あやしい…

**ク**モを見《み》ていて不思議《ふしぎ》なのは、クモが巣《す》を歩《ある》くとき、**自分《じぶん》自身《じしん》が巣《す》に引《ひ》っかからない**ということです。引《ひ》っかかった獲物《えもの》をとりに行《い》くときにも、スイスイと巣《す》の上《うえ》を歩《ある》いてゆきます。じつは、**クモの巣《す》の縦糸《たていと》は粘着性《ねんちゃくせい》がなく、クモはそこだけを歩《ある》いています。**一見無造作《いっけんむぞうさ》に歩《ある》いているように見《み》えても、じつはものすごく器用《きよう》な綱《つな》わたりをしているというわけ。

大型《おおがた》のクモの巣《す》にはイソウロウグモというエサを盗《ぬす》むクモがいますが、彼《かれ》らもそのことをよく心得《こころえ》ていて、**他人《たにん》の巣《す》なのに縦糸《たていと》を器用《きよう》に歩《ある》き**、しかもばれないように、巣《す》をゆらさないという慎重《しんちょう》さです。

虫紹介

**ナガコガネグモ（長黄金蜘蛛）**

北海道《ほっかいどう》から沖縄《おきなわ》まで広《ひろ》く生息《せいそく》し、各地《かくち》にふつうに見《み》られる大型《おおがた》のクモ。森《もり》のなかには少《すく》なく、明《あか》るい草地《くさち》などに多《おお》い。

# 恐妻《きょうさい》におどおどしすぎ。オスグモの求愛行動《きゅうあいこうどう》

網《あみ》を張《は》るクモは、獲物《えもの》がかかったときの**振動《しんどう》を感知《かんち》**し、急《いそ》いでそこに行《い》って糸《いと》を巻《ま》きつけ、獲物《えもの》を確保《かくほ》します。この習性《しゅうせい》を利《り》用《よう》して、細《ほそ》い木《き》の枝《えだ》などを使《つか》い、網《あみ》に絶妙《ぜつみょう》な振動《しんどう》を与《あた》えると、そこにクモが寄《よ》ってくる様子《ようす》を観察《かんさつ》することもできます。

一方《いっぽう》、この習性《しゅうせい》は**オスにとって命取《いのちと》り**。よほど慎重《しんちょう》にメスに近寄《ちかよ》らないと、**獲物《えもの》とまちがわれ食《た》べられてしまう**からです。メスに近《ちか》づく絶好《ぜっこう》の機会《きかい》は、メスが獲物《えもの》を食《た》べているときです。この間《あいだ》、ちょっとした振動《しんどう》ならメスは気《き》にしません。この機会《きかい》をじっと待《ま》つオスも多《おお》いようです。

虫紹介

**ジョロウグモ（女郎蜘蛛）**

本州《ほんしゅう》から沖縄《おきなわ》までの森林《しんりん》に広《ひろ》く生息《せいそく》し、公園《こうえん》の植《う》えこみなどにも巣《す》を作《つく》ることから、目《め》にする機会《きかい》の多《おお》い大型《おおがた》のクモ。

# 子《こ》グモは、雲《くも》より高《たか》く飛《と》ぶことができる

クモは8本《ぽん》で昆虫《こんちゅう》は6本《ぽん》と、クモと昆虫《こんちゅう》では脚《あし》の数《かず》がちがいますが、もっと重要《じゅうよう》なちがいがあります。それは**はねの有無《うむ》**。多《おお》くの昆虫《こんちゅう》にははねがありますが、**クモにははありません**。もっとも、外骨格《がいこっかく》の生物《せいぶつ》で、**はねをもつのは昆虫《こんちゅう》だけ**なので、クモが特殊《とくしゅ》というわけではありません。

クモの多《おお》くは、広《ひろ》い地域《ちいき》に分布《ぶんぷ》しています。はねが無《な》いのに不思《ふし》議《ぎ》ですね。じつは卵《たまご》からかえった子《こ》グモは、長《なが》い糸《いと》を空《そら》に向《む》かって出《だ》し、**風《かぜ》に乗《の》って空《そら》を飛《と》ぶ**ことができます。これを「バルーンニング」といい、ときに**雲《くも》よりも高《たか》く飛《と》ぶ**こともあるのだそうです。

虫紹介

**ワカバグモ（若葉蜘蛛）**

緑色《みどりいろ》が美《うつく》しく、そのためこの名《な》がある。日本全土《にほんぜんど》に生息《せいそく》し、体長《たいちょう》は1センチ前《ぜん》後《ご》。決《き》まった巣《す》をもたず、植物上《しょくぶつじょう》を徘徊《はいかい》して獲物《えもの》を探《さが》す。

# コガネグモは、脱皮《だっぴ》に失敗《しっぱい》すると脚《あし》が折《お》れる

クモは外骨格《がいこっかく》の生物《せいぶつ》です。成《せい》長《ちょう》のためには定期的《ていきてき》に皮《かわ》を脱《ぬ》ぎすて、脱皮《だっぴ》をする必要《ひつよう》があります。網《あみ》を張《は》るクモの場合《ばあい》、脱皮《だっぴ》の前《まえ》にすべての脚《あし》の先《さき》を網《あみ》に固定《こてい》し、糸《いと》を出《だ》して胴体《どうたい》をぶら下《さ》げ、胴体《どうたい》から抜《ぬ》け落《お》ちるように皮《かわ》を脱《ぬ》ぎます。クモは、はねがない分《ぶん》、**歩《ある》くことに特化《とっか》し、とにかく脚《あし》が長《なが》い**のが特徴《とくちょう》。全身《ぜんしん》の半分以上《はんぶんいじょう》を脚《あし》が占《し》めることもあります。

だから**脚《あし》の部分《ぶぶん》を脱《ぬ》ぐには時間《じかん》がかかる**し、万《まん》が一失敗《いちしっぱい》すると脚《あし》が折《お》れたり、切《き》れたりしてしまうこともあります。脱皮《だっぴ》は成長《せいちょう》に欠《か》かせないことですが、**命《いのち》をかけた行動《こうどう》**でもあるのです。

虫紹介

**コガネグモ(黄金蜘蛛)**

ジョロウグモやナガコガネグモと並《なら》んで、大型《おおがた》で昼間《ひるま》に網《あみ》を張《は》るクモのなかではふつうに見《み》られる。クモ合戦《がっせん》という伝統行事《でんとうぎょうじ》の主役《しゅやく》である。

# ハエトリグモも、こっそり命綱《いのちづな》の糸《いと》を使《つか》っている

クモは「糸《いと》の生《い》き物《もの》」ともいえます。糸《いと》を巧《たく》みに使《つか》うことは、クモの最大《さいだい》の特徴《とくちょう》であり、それによって、さまざまなクモのちがいが生《う》み出《だ》されました。糸《いと》で巣《す》を作《つく》ることは言《い》わずもがな、ナゲナワグモのように粘着糸《ねんちゃくいと》を投《な》げて獲物《えもの》を捕《と》らえるものもいます。

巣《す》を作《つく》らないクモだって、糸《いと》を使《つか》います。ピョンピョンと移動《いどう》するハエトリグモは、とびかかって獲物《えもの》を捕《つか》まえます。しかし、一歩《いっぽ》ふみまちがえると地面《じめん》にまっさかさま。そこでハエトリグモは、獲《え》物《もの》を見《み》つけると、糸《いと》を体《からだ》につけ、それを命綱《いのちづな》にして、とびかかります。案外心配性《あんがいしんぱいしょう》、いいえ慎重《しんちょう》ですね。

虫紹介

**チャスジハエトリ（茶筋蠅捕）**

1センチ程度《ていど》の大型《おおがた》のハエトリグモで、雌雄《しゆう》で斑紋《はんもん》がはっきりと異《こと》なる。本州《ほんしゅう》以南《いなん》の温暖《おんだん》な地域《ちいき》の人家周辺《じんかしゅうへん》でよく見《み》られる。

# ミズグモは、わざわざ水中《すいちゅう》に巣《す》を作《つく》る

クモは、網《あみ》を張《は》って**巣《す》を作《つく》るもの**と、歩《ある》き回《まわ》って決《き》まった**巣《す》をもたないもの**に大別《たいべつ》することができます。網《あみ》の張《は》り方《かた》も、植《しょく》物《ぶつ》の上《うえ》に皿状《さらじょう》に張《は》るもの、地面《じめん》の付近《ふきん》に隠《かく》れ家《が》的《てき》に張《は》るものなど、じつにさまざまです。

なかでも変《か》わっているのが**水中《すいちゅう》に巣《す》を作《つく》るミズグモ**です。水草《みずくさ》の間《あいだ》に風船状《ふうせんじょう》の巣《す》を作《つく》り、そこに空《くう》気《き》をためます。お腹《なか》の表面《ひょうめん》に空気《くうき》の層《そう》を作《つく》り、それで巣《す》に空気《くうき》を運《はこ》ぶのです。この巣《す》はエサをとるためのものでなく、休息《きゅうそく》や食事用《しょくじよう》。獲物《えもの》は水中《すいちゅう》で直接《ちょくせつ》捕《つか》まえます。なぜこんな面倒《めんどう》な事《こと》をするのか。なにか意味《いみ》があるのでしょう。

虫紹介

**ミズグモ（水蜘蛛）**

水中《すいちゅう》に生息《せいそく》する数少《かずすく》ないクモで、かつては日本各地《にほんかくち》の湿地帯《しっちたい》に生息《せいそく》していたが、今《いま》では非常《ひじょう》にまれな種《しゅ》となってしまった。

# アシダカグモは、ゴキブリを駆逐《くちく》したらそっと家《いえ》を出《で》ていく

西《にし》日本《にほん》の温暖《おんだん》な地域《ちいき》に行《い》くと、家《いえ》の中《なか》に大《おお》きなクモが歩《ある》いていて、おどろかされることがあります。その多《おお》くはアシダカグモ。住人《じゅうにん》に駆除《くじょ》されてしまいそうなものですが、このクモはゴキブリを好《この》んで捕《と》えることから益虫《えきちゅう》とされ、大事《だいじ》に扱《あつか》われることが多《おお》いそうです。しかし、アシダカグモにとって、えさがなければ住《す》む価値《かち》はなく、食《た》べつくすと、今度《こんど》はすきをついて出《で》ていってしまう。

そしてまたゴキブリが現《あらわ》れると、どこからともなくやってくる。ゴキブリが苦手《にがて》な人《ひと》にとっては、さながらヒーローのよう。クモが苦手《にがて》な人《ひと》にとっては……。

虫紹介

**アシダカグモ（脚高蜘蛛）**

人家内《じんかない》に生息《せいそく》していることが多《おお》く、ときに大《おお》きなメスが腹部《ふくぶ》に白《しろ》い卵《たまご》のかたまりを抱《かか》えて歩《ある》いているのを目《め》にする。

# マワリアシダカグモは、転《ころ》がって逃《に》げる

クモには昆虫《こんちゅう》を食《た》べるものが多《おお》くいます。しかし、クモの多《おお》くは外骨格《がいこっかく》の生《い》き物《もの》にしては体《からだ》がやわらかく、**小鳥《ことり》などにとっては食《た》べやすいごちそう**でもあります。そのため、クモは敵《てき》が近《ちか》づくと急《いそ》いで物《もの》かげに隠《かく》れたり、地《じ》面《めん》に飛《と》び降《お》りたりして、大型生物《おおがたせいぶつ》に対《たい》しては、注意《ちゅうい》を最大限《さいだいげん》にはらって行動《こうどう》しています。

アフリカの砂丘《さきゅう》にはマワリアシダカグモというクモがいます。砂《すな》地《ち》は開《ひら》けていて、小鳥《ことり》やトカゲなどにねらわれたら最後《さいご》。そんなとき彼《かれ》らは、**体《からだ》をボール状《じょう》に丸《まる》めて砂丘《さきゅう》を転《ころ》げ落《お》ち**、一目散《いちもくさん》に逃《に》げていきます。奇想天外《きそうてんがい》な方法《ほうほう》です。

虫紹介

**マワリアシダカグモ（回脚高蜘蛛）**

[外国産種《がいこくさんしゅ》] アフリカ南部《なんぶ》にあるナミブ砂漠《さばく》の砂丘《さきゅう》に生息《せいそく》し、地面《じめん》を徘徊《はいかい》して、小型《こがた》の昆虫《こんちゅう》などを捕食《ほしょく》する。

# サソリのオスは、交尾《こうび》の前《まえ》に紳士的《しんしてき》にダンスする

サソリは危険《きけん》な生《い》き物《もの》だと思《おも》われがちですが、**下手《へた》に手《て》を出《だ》さないかぎり人《ひと》を刺《さ》すことはありません。**夜《よる》になると物《もの》かげから出《で》て、黙々《もくもく》と獲物《えもの》を探《さが》すサソリを見《み》ていると、じつに**大人《おとな》しい生《い》き物《もの》**であることがわかります。

そんなサソリの恋《こい》の季節《きせつ》には、特別《とくべつ》な光景《こうけい》を見《み》ることができます。繁殖期《はんしょくき》にオスがメスに出会《であ》うと、オスはメスの前後《ぜんご》で**ダンスをして気《き》をひき**、メスのハサミをつかんで誘導《ゆうどう》します。これは繁殖行動《はんしょくこうどう》の一環《いっかん》で、**サソリダンス**と呼《よ》ばれ、とくにハサミをつかむ様子《ようす》は人間《にんげん》が手《て》を取《と》りあってダンスしているようで、ほほえましい光景《こうけい》です。

虫紹介

**ダイオウサソリ（大王蠍）**

[外国産種《がいこくさんしゅ》] 世界最大《せかいさいだい》のサソリで、20センチを超《こ》えることもある。アフリカに生息《せいそく》。ハサミは強靭《きょうじん》だが、毒針《どくばり》の毒《どく》は弱《よわ》い。

# サソリのお母《かあ》さんは、背《せ》に子供《こども》を乗《の》せ、落《お》ちると慌《あわ》てて拾《ひろ》う

ちゃんとつかまってなさい!
あはは

サソリのダンスを見《み》ていると、サソリの意外《いがい》な頭《あたま》の良《よ》さにおどろかされます。そしてそれはメスの子育《こそだ》てにも現《あらわ》れています。

サソリは卵《たまご》を産《う》むのではなく、**直接子供《ちょくせつこども》を産《う》みます**。体内《たいない》で卵《たまご》が孵化《うか》して、そのまま小《ちい》さなサソリが生《う》まれるのです。メスは自分《じぶん》の**背中《せなか》に子供《こども》を背負《せお》い**、しばらくの間《あいだ》、保護《ほご》します。背中《せなか》に子供《こども》を乗《の》せるほ乳類《にゅうるい》は多《おお》いのですが、そんな感《かん》じで、まだ体《からだ》がやわらかく、ほかの小動物《しょうどうぶつ》にねらわれやすい期《き》間《かん》、子供《こども》を守《まも》るのです。そして子《こ》供《ども》が落《お》ちると、それをきちんと感《かん》知《ち》し、**慌《あわ》てて背中《せなか》に乗《の》せる**ような行動《こうどう》をとるのです。

虫紹介

**チャグロサソリ（茶黒蠍）**

[外国産種《がいこくさんしゅ》] ダイオウサソリによく似《に》た大型種《おおがたしゅ》で、こちらはアジアの森林《しんりん》に生《せい》息《そく》する。青《あお》っぽい光沢《こうたく》があり美《うつく》しい。毒《どく》は弱《よわ》い。

# シロアリの女王《じょおう》の寿命《じゅみょう》は30年《ねん》！

昆《こん》虫《ちゅう》の寿命《じゅみょう》というと、短《みじか》くて数週間《すうしゅうかん》から数《すう》カ月《げつ》、長《なが》いものでも幼虫《ようちゅう》の期間《きかん》が数年《すうねん》のセミを思《おも》い浮《う》かべるくらいのものです。そんな昆虫《こんちゅう》にも、じつは**数十年《すうじゅうねん》の寿命《じゅみょう》をもつもの**がいます。

アフリカなどの乾燥地《かんそうち》に大《おお》きな塚《つか》を作《つく》るシロアリの女王《じょおう》は、**30年《ねん》から40年《ねん》は生《い》きる**といわれています。たしかに数《すう》メートルの塚《つか》を作《つく》り、**何十万《なんじゅうまん》という働《はたら》きアリ**を従《したが》えるには、それくらいの寿命《じゅみょう》があってもいいですよね。またアリの女《じょ》王《おう》の寿命《じゅみょう》も長《なが》く、多《おお》くは10年以上《ねんいじょう》は軽《かる》く生《い》きます。働《はたら》きアリも長命《ちょうじゅ》で、アリをいじめる人間《にんげん》の子供《こども》より先輩《せんぱい》ということもありえます。

虫紹介

**オオキノコシロアリ（大茸白蟻）**

東南《とうなん》アジアからアフリカにかけてさまざまな種《しゅ》が生息《せいそく》し、乾燥地《かんそうち》では大《おお》きな塚《つか》を作《つく》る。巣内《すない》でキノコを育《そだ》てる。

# 生《い》きた化石《かせき》ゴキブリの扱《あつか》いがひどい

ゴキブリは太古《たいこ》の昔《むかし》からあまり姿《すがた》を変《か》えていない生《い》き物《もの》といわれています。実際《じっさい》、化石《かせき》で発見《はっけん》されるゴキブリを見《み》ても、**いまとさほど変《か》わらない姿《すがた》**をしています。じつはカマキリもシロアリも広《ひろ》い意味《いみ》でゴキブリの仲間《なかま》で、それぞれの形《かたち》に進化《しんか》したゴキブリといってもまちがいではなく、同時《どうじ》に**ゴキブリはカマキリやシロアリの原形《げんけい》**ともいえるのです。

それにしてはゴキブリは嫌《きら》われすぎですよね。おそらくこれは刷《す》りこみによるものです。ゴキブリのちょっとした害《がい》からすれば、**法《ほう》外《がい》な嫌《きら》われよう**で、なんだか少《すこ》し気《き》の毒《どく》にも思《おも》えます。

虫紹介

**オオゴキブリ（大蜚蠊）**

原始的《げんしてき》とされるゴキブリのなかでは進化《しんか》した一群《いちぐん》にふくまれる。朽木《くちき》に生息《せいそく》し、親子《おやこ》で仲良《なかよ》く生活《せいかつ》する。４センチを超《こ》える大型種《おおがたしゅ》。

# **ゴキブリ**は、カエルの舌《した》の風《かぜ》を感知《かんち》して逃《に》げる

ゴキブリはじつに俊敏《しゅんびん》です。殺虫剤《さっちゅうざい》や丸《まる》めた新聞紙《しんぶんし》を準備《じゅんび》したときには、**すでに天井《てんじょう》や冷蔵庫《れいぞうこ》の裏側《うらがわ》に避難完了《ひなんかんりょう》**しています。これもゴキブリが必要以上《ひつよういじょう》に嫌《きら》われる原因《げんいん》なのかもしれません。しかしそれこそ彼《かれ》らがもつ素晴《すば》らしい能力《のうりょく》の現《あらわ》れでもあるのです。

ゴキブリはときにヒキガエルにねらわれます。ヒキガエルは長《なが》い舌《した》をすばやく伸《の》ばして獲物《えもの》を捕《と》らえますが、なんとゴキブリは、**長《なが》い触角《しょっかく》でその風《かぜ》を感知《かんち》**し、**ヒキガエルの攻撃《こうげき》をヒラリとかわし**てしまうのです。のん気《き》に新聞《しんぶん》を丸《まる》めているヒトから逃《に》げることなんて簡単《かんたん》な芸当《げいとう》なのでしょう。

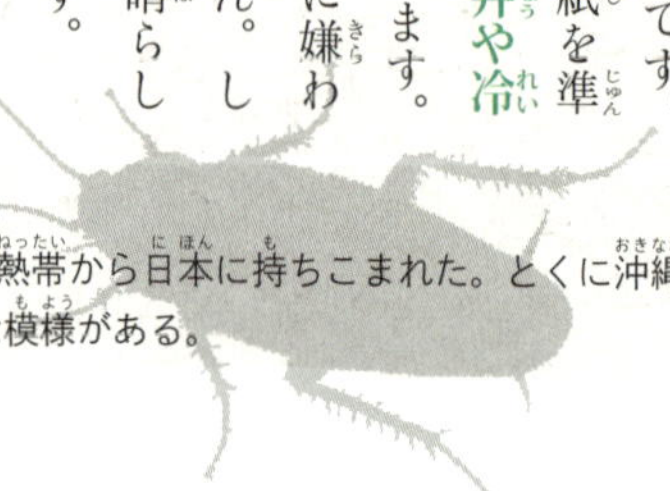

虫紹介

**ワモンゴキブリ（輪紋蜚蠊）**

[外来種《がいらいしゅ》] 4センチ近《ちか》い大型種《おおがたしゅ》で、熱帯《ねったい》から日本《にほん》に持《も》ちこまれた。とくに沖縄《おきなわ》には一般的《いっぱんてき》なゴキブリ。胸《むね》に独特《どくとく》な模様《もよう》がある。

# クロゴキブリ、羽化《うか》の直後《ちょくご》は純白《じゅんぱく》のシロゴキブリ

昆《こん》虫《ちゅう》は通常《つうじょう》、脱皮《だっぴ》をしたばかりのとき、色《いろ》の薄《うす》い姿《すがた》をしています。夏《なつ》になると羽化《うか》したばかりのまっ白《しろ》なセミを撮影《さつえい》した写《しゃ》真《しん》がネットにあふれかえり、その美《うつく》しさが話題《わだい》にのぼります。

しかし、ゴキブリとて例外《れいがい》ではありません。テカテカしたこげ茶《ちゃ》色《いろ》の姿《すがた》で嫌《きら》われるゴキブリも、羽《う》化《か》した直後《ちょくご》はまっ白《しろ》で、先入観《せんにゅうかん》をすてれば、だれが見《み》ても雪《ゆき》のように美《うつく》しいのです。もちろん、それはつかの間《ま》で、10分《ぷん》、20分《ぷん》と時間《じかん》が経《た》つにつれ、私《わたし》たちがよく知《し》っている色《いろ》と姿《すがた》のゴキブリになります。ちなみに海外《かいがい》には常《つね》に青《あお》や緑《みどり》の美《うつく》しいゴキブリもいます。

虫紹介

**クロゴキブリ（黒蜚蠊）**

[外来種《がいらいしゅ》] 家屋内《かおくない》にいる、もっとも身近《みぢか》なゴキブリだが、外来種《がいらいしゅ》。巨大《きょだい》なゴキブリがいたと誇張《こちょう》されることもあるが、最大《さいだい》でも3センチ程度《ていど》。

# ヒメマルゴキブリは、ダンゴムシのように丸《まる》くなる

あ、僕《ぼく》、
ダンゴムシじゃないよ…
コロコロ

ダンゴムシは子供《こども》に大人気《だいにんき》の虫《むし》ですが、嫌《きら》われ者《もの》のゴキブリのなかには、ダンゴムシにそっくりなものがいます。沖縄《おきなわ》にいるヒメマルゴキブリやマルゴキブリは、オスはふつうのゴキブリの姿《すがた》をしていますが、メスにははねがなく、背中《せなか》から見《み》ると**ダンゴムシそっくり**です。しかも、刺激《しげき》を与《あた》えると**ダンゴムシのように丸《まる》くなり**ます。ただ触角《しょっかく》は長《なが》く、**よく観察《かんさつ》するとやはりゴキブリ**です。

そもそもゴキブリの大半《たいはん》は森林《しんりん》にすみ、人間《にんげん》に嫌《きら》われるいわれなどないのですが、こういうゴキブリが、先入観《せんにゅうかん》をすてる入《い》り口《ぐち》になってくれるとうれしいですよね。

虫紹介

**ヒメマルゴキブリ（姫丸蜚蠊）**

九州南部《きゅうしゅうなんぶ》から沖縄《おきなわ》の森林《しんりん》に生息《せいそく》し、葉《は》の上《うえ》や枯《か》れ木《き》の上《うえ》に見《み》られることが多《おお》い。近《ちか》い仲間《なかま》のマルゴキブリは少《すこ》し珍《めずら》しい。

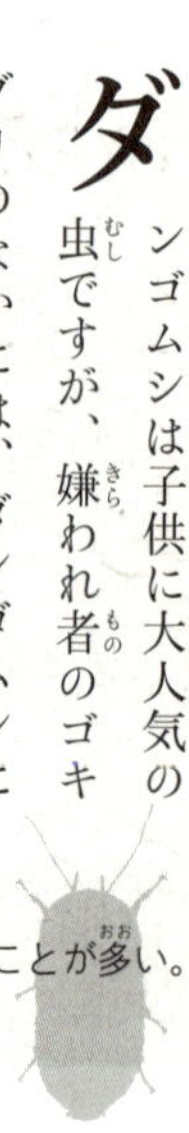

# ムカデは、飲《の》まず食《く》わずで子育《こそだ》てする

ムカデも嫌《きら》われる生《い》き物《もの》の代《だい》表格《ひょうかく》。暖《あたた》かい地域《ちいき》では、人《じん》家《か》に侵入《しんにゅう》し、**寝《ね》ている人《ひと》を咬《か》んだり、靴《くつ》に入《はい》りこんだり**して、毒《どく》による被害《ひがい》を与《あた》えるからです。その危険性《きけんせい》から、見《み》つけ次第《しだい》、不用意《ふようい》に殺《ころ》されることも少《すく》なくないようですが、子育《こそだ》ての様子《ようす》を見《み》ると考《かんが》えが変《か》わるかもしれません。

メスは産卵後《さんらんご》、**卵《たまご》を抱《だ》きかかえて保護《ほご》**し、孵化《うか》して子供《こども》が自立《じりつ》するまでの1〜2カ月間《げつかん》、飲《の》まず食《く》わずで世話《せわ》をするのです。その間《あいだ》、卵《たまご》をなめて清潔《せいけつ》に保《たも》ち、子供《こども》をあやすように位置《いち》を変《か》えます。その甲斐甲斐《かいがい》しい様子《ようす》に心《こころ》を打《う》たれない人《ひと》がいるのでしょうか。

虫紹介

**トビズムカデ（鳶頭百足）**

15センチを超《こ》えることもある日本最大級《にほんさいだいきゅう》のムカデで、ときにヒトを咬《か》んで被害《ひがい》を与《あた》える。毒《どく》が強《つよ》く、長期間痛《ちょうきかんいた》むこともある。

# コウガイビルは、気《き》持《も》ち悪《わる》いだけで無《む》害《がい》

みんな・・・
そんなに
きらわないで・・・

コウガイビルを見《み》たことがあるでしょうか。最近《さいきん》、都心《としん》部《ぶ》では外来種《がいらいしゅ》のミスジコウガイビルが増《ふ》え、雨《あめ》のあとなど、湿《しめ》った地面《じめん》を歩《ある》いている姿《すがた》を目《め》にすることが多《おお》くなりました。また空《あ》き地《ち》で石《いし》などを起《お》こすと、クロイロコウガイビルが見《み》つかります。

コウガイビルは、ヒルという名《な》ですが、実験動物《じっけんどうぶつ》で有名《ゆうめい》な**プラナリアの仲間《なかま》**です。人《ひと》の血《ち》を吸《す》うことはなく、ミミズやナメクジなどを食《た》べます。**人間《にんげん》に対《たい》する害《がい》はほとんどありません。**ただ、**非常《ひじょう》にネバネバ**していて、**うかつに触《さわ》ると粘液《ねんえき》が手《て》につく**のと、見《み》た目《め》が少《すこ》し不気味《ぶきみ》なことは確《たし》かです。

虫紹介

**クロイロコウガイビル（黒色笄蛭）**

いちばん身近《みぢか》なコウガイビル。コウガイとは「公害《こうがい》」ではなく、昔《むかし》の女《おんな》の人《ひと》の髪飾《かみかざ》りである「笄《こうがい》」のことである。乾燥《かんそう》に弱《よわ》い。

# スズメバチ、食《た》べ物《もの》は幼虫《ようちゅう》から分《わ》けてもらう

スズメバチのように分業制《ぶんぎょうせい》の集団《しゅうだん》で生《い》きる昆虫《こんちゅう》の生活《せいかつ》はじつに複雑《ふくざつ》で面白《おもしろ》く、いつも科学《かがく》的《てき》な新発見《しんはっけん》を与《あた》えてくれます。

スズメバチは昆虫《こんちゅう》を捕《つか》まえ、それを肉団子《にくだんご》にして巣《す》に持《も》ち帰《かえ》ります。これは幼虫《ようちゅう》のえさにするためで、**自分自身《じぶんじしん》で食《た》べるわけではありません**。そもそもスズメバチの体《からだ》の一部《いちぶ》があまりにも細《ほそ》くくびれているために、**固形物《こけいぶつ》をそのまま食《た》べることができない**のです。それではなにを食《た》べるかというと、**幼虫《ようちゅう》が吐《は》き出《だ》す液体《えきたい》**を食《た》べます。これがじつに栄養満点《えいようまんてん》で、スズメバチの活動《かつどう》に役立《やくだ》っているのです。なんとも不思議《ふしぎ》な話《はなし》ですね。

虫紹介

**オオスズメバチ(大雀蜂)**
世界最大《せかいさいだい》のスズメバチ。集団《しゅうだん》での攻撃力《こうげきりょく》を考《かんが》えると、世界最強《せかいさいきょう》のハチといえる。毒《どく》も強《つよ》く、被害者数《ひがいしゃすう》では、じつはクマよりも恐《おそ》ろしい。

こらむ 3

# 昆虫《こんちゅう》の「へんたい」

嫌《きら》われ虫《むし》の代表格《だいひょうかく》はきっとゴキブリでしょう。けれども、ゴキブリでもかわいい時期《じき》があるといえばあります。幼虫《ようちゅう》の時期《じき》です。ゴキブリの幼虫《ようちゅう》は、親《おや》をそのまま小《ちい》さくした姿《すがた》ですが、頭《あたま》でっかちでバランスが悪《わる》く、たとえゴキブリでもかわいく見《み》えてしまいます。

昆虫《こんちゅう》の成長《せいちょう》の仕方《しかた》には専門《せんもん》の用語《ようご》があって、「変態《へんたい》」といいます。「態《たい》（姿形《すがたかたち》）」が「変《か》わる」という意味《いみ》です。そして、変《か》わり方《かた》によって「完全変態《かんぜんへんたい》」と「不完全変態《ふかんぜんへんたい》」と大《おお》きく2つに分《わ》けられます。ゴキブリやバッタ、カマキリなど、幼虫《ようちゅう》と成虫《せいちゅう》とで姿《すがた》にあまりちがいがない場《ば》

合《あい》を「不完全変態《ふかんぜんへんたい》」といいます。

そして、カブトムシやチョウなど、幼虫《ようちゅう》と成虫《せいちゅう》で大《おお》きく姿《すがた》が変《か》わる場合《ばあい》を「完全変態《かんぜんへんたい》」といいます。カブトムシやチョウの幼《よう》虫《ちゅう》はイモ虫型《むしがた》です。あるとき、さなぎになって、幼虫《ようちゅう》とはまったくちがう姿《すがた》に変身《へんしん》します。

ちなみに、不完全変態《ふかんぜんへんたい》の昆虫《こんちゅう》は、幼虫《ようちゅう》と成虫《せいちゅう》でほぼ同《おな》じ姿《すがた》ですね。では、幼虫《ようちゅう》と成虫《せいちゅう》のちがいはどこにあるのでしょう。それは「はね」です。成虫《せいちゅう》は、健《けん》康《こう》で強《つよ》い子孫《しそん》を残《のこ》すために、飛《と》んで遠《とお》くまで移動《いどう》して相手《あいて》を探《さが》します。

# 身近《みぢか》にいるのに知《し》られざる虫《むし》

この世《よ》には、じつにさまざまな人《ひと》、
いろいろな生《い》き物《もの》が生《い》きている。
たいていは気《き》がつかないまま通《とお》り過《す》ぎる。
見《み》えているのに、
見《み》ていないだけなんだ。

# 第《だい》4章《しょう》

# 海辺《うみべ》でくらす ダンゴムシがいる

ダンゴムシというと、庭《にわ》の落《お》ち葉《ば》のなかや公園《こうえん》のブロックの下《した》などにいるという印象《いんしょう》がありますよね。じつはそれ、**ほとんどが外来種《がいらいしゅ》のオカダンゴムシ**。もともと日本《にほん》には森林《しんりん》で生《い》きるダンゴムシの種《しゅ》が多《おお》く、なかには**海岸《かいがん》に生息《せいそく》するダンゴムシ**というのもいます。

海岸《かいがん》にはその名《な》もハマダンゴムシというものがいて、オカダンゴムシより大《おお》きく、**目《め》がくりくりとしてかわいらしい**。模様《もよう》ちがいもたくさんいて、魅力的《みりょくてき》なダンゴムシです。ぜひ探《さが》してほしいところですが、自然豊《しぜんゆた》かな海岸《かいがん》を好《この》むため、不《ふ》必要《ひつよう》な護岸工事《ごがんこうじ》や、自動車《じどうしゃ》の砂浜《すなはま》への乱《らん》暴《ぼう》な乗《の》り入《い》れなどによって、**全国的《ぜんこくてき》にその数《かず》が減少《げんしょう》**しているのが現状《げんじょう》です。

虫紹介

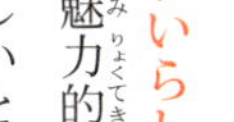

**ハマダンゴムシ（浜団子虫）**

日本各地《にほんかくち》の砂浜《すなはま》や砂利浜《じゃりはま》に生息《せいそく》し、岸辺《きしべ》の海藻《かいそう》や漂着物《ひょうちゃくぶつ》の下《した》を探《さが》すと見《み》つかる。オカダンゴムシよりもひと回《まわ》り大《おお》きく、透明感《とうめいかん》がある。

# 大海原《おおうなばら》でくらすアメンボがいる

アメンボというと池《いけ》や水溜《みずたま》りに浮《う》いているという印象《いんしょう》をもつ人《ひと》が多《おお》いことでしょう。確《たし》かに、大部分《だいぶぶん》はそのような環境《かんきょう》にすみ、一部《いちぶ》が渓流《けいりゅう》のよどみなどに浮《う》かんでいます。

しかし予想《よそう》だにしない例外《れいがい》があるのが昆虫《こんちゅう》の世界《せかい》。ウミアメンボというアメンボの仲間《なかま》は、**陸地《りくち》から遠《とお》く離《はな》れた海《うみ》の彼方《かなた》に生息《せいそく》**し、海面《かいめん》に浮《う》かぶ生《い》き物《もの》の死《し》がいなどを食《た》べてくらしています。そして卵《たまご》は、**漂流物《ひょうりゅうぶつ》や海鳥《うみどり》の羽根《はね》に産《う》みつける**のです。陸地《りくち》さえ見《み》えない大海原《おおうなばら》にプカプカと小《ちい》さいアメンボが浮《う》かぶ——。なんとも雄大《ゆうだい》な風景《ふうけい》に思《おも》えませんか?

虫紹介

**ウミアメンボ（海飴棒）**
太平洋《たいへいよう》の沖合《おきあい》に広《ひろ》く生息《せいそく》し、個体数《こたいすう》は多《おお》い。数《すう》ミリの丸《まる》っこい胴体《どうたい》に非常《ひじょう》に長《なが》い脚《あし》をもつ。それによって荒波《あらなみ》にもまれても水没《すいぼつ》しない。

# マダラミズメイガの幼虫《ようちゅう》は、行《い》きあたりばったりに生《い》きている

ガの幼虫《ようちゅう》はイモムシやケムシで、その大部分《だいぶぶん》は植物《しょくぶつ》を食《た》べて生活《せいかつ》しています。植物《しょくぶつ》の多様《たよう》化《か》とともにガも多様化《たようか》したといわれるほど、ガの種《しゅ》によってさまざまな植物《しょくぶつ》をえさとしています。

なかでも面白《おもしろ》いのは、水草《みずくさ》に特《とっ》化《か》したミズメイガの仲間《なかま》。ウキクサ類《るい》など、根《ね》をどこにも固定《こてい》しない植物《しょくぶつ》の葉《は》を食《た》べるものもいて、当然《とうぜん》、大雨《おおあめ》では流《なが》され、水草《みずくさ》ごと魚《さかな》に食《た》べられてしまうことだってあります。行《い》く末《すえ》もわからない放浪《ほうろう》の生活《せいかつ》。それでも無事《ぶじ》に大《おお》きくなれた幼虫《ようちゅう》は、ウキクサで繭《まゆ》を作《つく》って蛹《さなぎ》になり、成虫《せいちゅう》となって新《しん》天地《てんち》へと飛《と》びたってゆくのです。

虫紹介

**マダラミズメイガ（斑水螟蛾）**

本州《ほんしゅう》から九州《きゅうしゅう》にかけて生息《せいそく》し、はねを広《ひろ》げても１センチ程度《ていど》の小《ち》さなガである。近《ちか》い仲間《なかま》がいくつかおり、区別《くべつ》が難《むずか》しい。

# タイワンシロアリは、農業《のうぎょう》をする

われわれ人間《にんげん》は農業《のうぎょう》をする生《い》き物《もの》です。それが人《ひと》だけの特別《とくべつ》な文化《ぶんか》だと思《おも》っている人《ひと》もいるかもしれませんが、それはちがいます。キノコシロアリやハキリアリのように、**昆虫《こんちゅう》にも農業《のうぎょう》をするものがいる**のです。

日本《にほん》でも沖縄《おきなわ》にはタイワンシロアリという種《しゅ》がいて、彼《かれ》らは**キノコを栽培《さいばい》**します。地下《ちか》に空間《くうかん》を作《つく》り、そこに木《き》くずや枯《か》れ草《くさ》を刻《きざ》んで菌床《きんしょう》を作《つく》り、菌糸《きんし》を植《う》え、**成長《せいちょう》した菌糸《きんし》の粒《つぶ》を食糧《しょくりょう》**にしています。どうみても立派《りっぱ》な農業《のうぎょう》です。人間《にんげん》の農業《のうぎょう》の歴史《れきし》はたかだか8000年《ねん》といわれていますが、これらの昆虫《こんちゅう》は3000万年《まんねん》以上前《いじょうまえ》には農業《のうぎょう》をしていたのですから、けたちがいの大先輩《だいせんぱい》といえるでしょう。

虫紹介

**タイワンシロアリ（台湾白蟻）**

日本《にほん》では西表島《いりおもてじま》と石垣島《いしがきじま》に生息《せいそく》。沖縄島《おきなわじま》にも古《ふる》い時代《じだい》に持《も》ちこまれた。私《わたし》はこの巣《す》に共生《きょうせい》する小《ちい》さなハエの新種《しんしゅ》を発表《はっぴょう》した。

# セッケイカワゲラは、寒《さむ》くないと死《し》んでしまう

昆《こん》虫《ちゅう》といえば夏《なつ》に活動《かつどう》し、ほかの季節《きせつ》は活動《かつどう》しないと思《おも》われがち。しかし、昆虫《こんちゅう》の例外《れいがい》はつきません。**冬《ふゆ》にだけ活動《かつどう》する昆《こん》虫《ちゅう》もいる**のです。冬《ふゆ》によく見《み》られるのはセッケイカワゲラという種《しゅ》で、スキー場《じょう》などでも、目《め》をこらすと歩《ある》いていたりします。

一方《いっぽう》、こういう虫《むし》は、**暑《あつ》いのはてんでダメ**なのです。見《み》つけたからといって**手《て》のひらに乗《の》せると、瞬時《しゅんじ》に死《し》んでしまいます。**よく、アマガエルなどを手《て》に乗《の》せてかわいがる様子《ようす》を目《め》にしますが、そもそも小《ちい》さな変温動物《へんおんどうぶつ》にとって人《ひと》の体温《たいおん》は灼熱《しゃくねつ》の地獄《じごく》。あまりかわいがりすぎないようにしましょう。

虫紹介

**セッケイカワゲラ（雪渓川螻蛄）**
黒《くろ》くて細長《ほそなが》く、脚《あし》の長《なが》い虫《むし》。その習性《しゅうせい》から「雪虫《ゆきむし》」と呼《よ》ばれることもあるが、降雪時期《こうせつじき》の前《まえ》に飛《と》ぶアブラムシも雪虫《ゆきむし》と総称《そうしょう》される。

# チョウトンボは、トンボなのに高速《こうそく》で飛《と》べない

**チ**ョウトンボというトンボがいます。その名《な》のとおり**チョウのようなトンボ**。はねが大《おお》きく、紫色《むらさきいろ》に輝《かがや》き、透明《とうめい》なはねをもつ通《つう》常《じょう》のトンボとは大《おお》ちがいです。

またトンボといえばすばやいもので、とくにギンヤンマやオニヤンマは捕《つか》まえるのにとても苦労《くろう》するほど高速《こうそく》で飛《と》びます。しかしチョウトンボは、飛《と》び方《かた》もチョウのようで、**池《いけ》の上《うえ》をひらひらと優《ゆう》雅《が》に飛《と》ぶ**のです。ただ、捕《つか》まえようとすると、ギンヤンマには程遠《ほどとお》いものの、ヒラリと逃《に》げることもできます。環境《かんきょう》の良《よ》い池《いけ》だけに生《せい》息《そく》していますが、夏《なつ》になったらぜひ探《さが》してみてください。

虫紹介

**チョウトンボ（蝶蜻蛉）**

本州《ほんしゅう》から九州《きゅうしゅう》の水草《みずくさ》の豊富《ほうふ》な池《いけ》に生息《せいそく》する。無用《むよう》な池《いけ》の公園化《こうえんか》や護岸《ごがん》によって、各地《かくち》でその数《かず》を減《へ》らしている。

# エダナナフシ、植物《しょくぶつ》のまねがすごすぎて卵《たまご》がタネのようになった

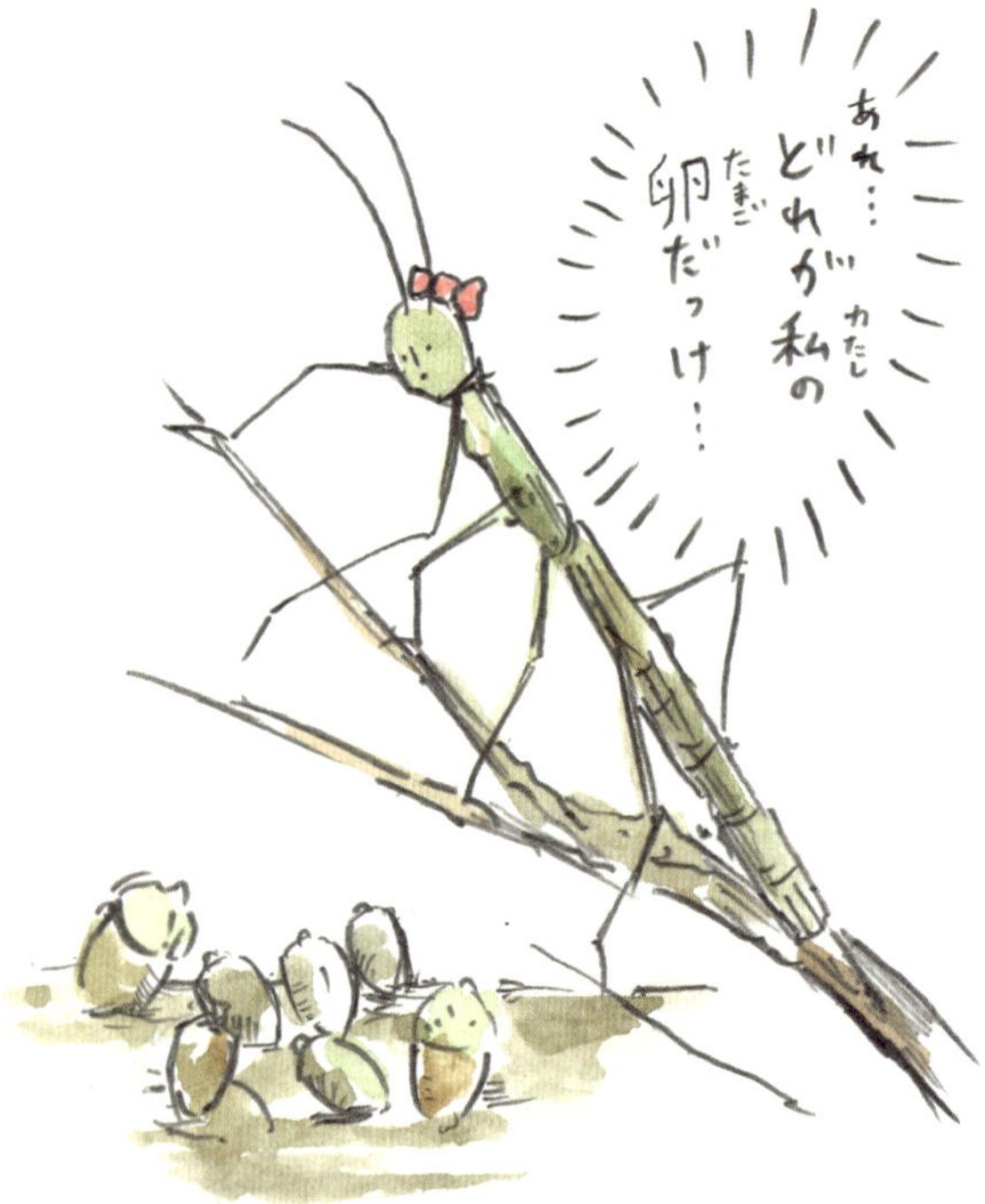


ナナフシはさしたる防御法《ぼうぎょほう》をもたず、ゆっくりと歩《ある》き、葉《は》を食《た》べる、まるで**ナマケモノのような昆虫《こんちゅう》**です。敵《てき》に襲《おそ》われたときには**脚《あし》を自分《じぶん》で切断《せつだん》する**くらいの抵抗《ていこう》しかできません。

しかし、その分《ぶん》、擬態《ぎたい》の巧《たく》みさで、敵《てき》の目《め》をあざむきます。彼《かれ》らはまるっきり枝《えだ》のような姿《すがた》をしていて、歩《ある》くときにも、枝《えだ》が風《かぜ》でゆれる様子《ようす》をまねし、ゆらゆらとゆれながら歩《ある》くのです。さらに、おどろくのはその卵《たまご》。硬《かた》くて丸《まる》く、まるで**植物《しょくぶつ》のタネのよう**。体《からだ》だけでなく、**卵《たまご》まで植物《しょくぶつ》に似《に》せている**のだから大《たい》したもの。なにかを極《きわ》めるというのは大事《だいじ》なことですね。

虫紹介

**エダナナフシ（枝七節）**

本州《ほんしゅう》から九州《きゅうしゅう》にかけて生息《せいそく》し、サクラやナラ類《るい》などの葉《は》を食《た》べる。ナナフシモドキという種《しゅ》に似《に》ているが、触角《しょっかく》の長《なが》さが異《こと》なる。

# オオセイボウの体《からだ》は、鎧《よろい》のように硬《かた》い

オオセイボウは全身《ぜんしん》が青《あお》い金《きん》属光沢《ぞくこうたく》を放《はな》つ美《うつく》しいハチです。彼《かれ》らは、トックリバチなど、ほかのハチの巣《す》に産卵《さんらん》し、孵化《うか》したオオセイボウの幼虫《ようちゅう》は**トックリバチの幼虫《ようちゅう》を食《た》べて成長《せいちょう》**します。もちろん、トックリバチも怒《おこ》って咬《か》みつき、追《お》い払《はら》おうとします。

しかしオオセイボウは**体《からだ》が鎧《よろい》のように硬《かた》く、ダンゴムシのように丸《まる》くなる**ことができるのです。そのため、トックリバチはオオセイボウを追《お》い払《はら》うことはできても、退治《たいじ》にはいたりません。繰《く》り返《かえ》し飛来《ひらい》するオオセイボウを繰《く》り返《かえ》し追《お》い払《はら》うしかないのです。なんだか気《き》の毒《どく》になってしまいますね。

虫紹介

**オオセイボウ（大青蜂）**

2センチ近《ちか》くに達《たっ》し、セイボウ類《るい》としては大型種《おおがたしゅ》。セイボウ類《るい》は毒針《どくばり》がなく、つまんでも刺《さ》すまねをするだけである。

# シロスジヒゲナガハナバチは、植物《しょくぶつ》に咬《か》みついて眠《ねむ》る

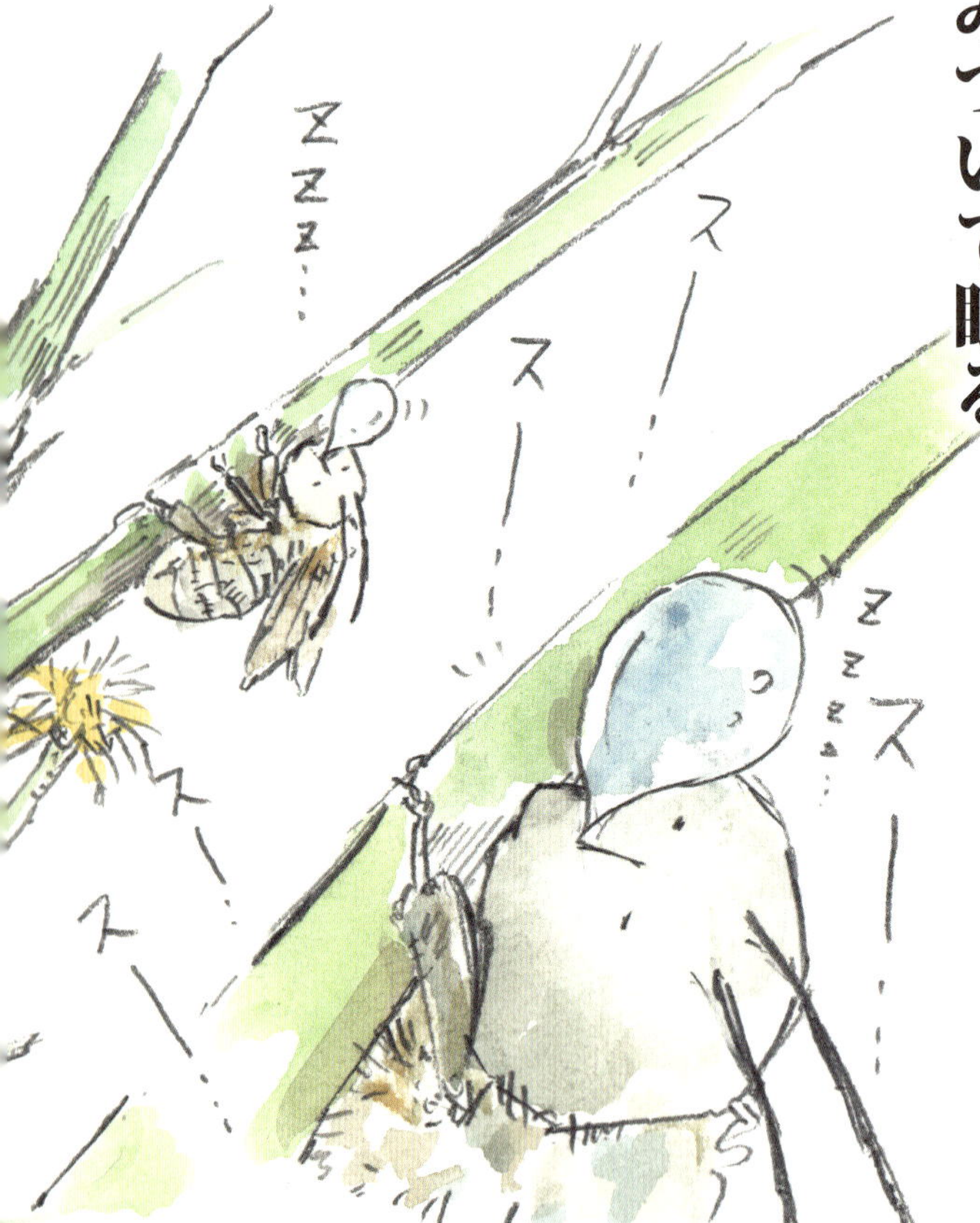

シロスジヒゲナガハナバチというハチがいます。案外《あんがい》ふつうにいるハチで、春先《はるさき》に暖《あたた》かくなると、触角《しょっかく》が長《なが》く、腹部《ふくぶ》に白《しろ》い筋《すじ》があるオスが花《はな》に集《あつ》まる様《よう》子《す》を観察《かんさつ》することができます。このハチ、なんといっても**眠《ねむ》る様子《ようす》が面白《おもしろ》い**。**植物《しょくぶつ》の茎《くき》に咬《か》みついたまま眠《ねむ》る**のです。なんだか疲《つか》れそうに思《おも》えるのですが、

じつは昆虫《こんちゅう》の多《おお》くは、力《ちから》を抜《ぬ》いたときに口《くち》（大《おお》あご）が閉《と》じます。死《し》んでしまったクワガタがあごを閉《と》じていることが多《おお》いのはこのためです。だから寝《ね》るときに**力《ちから》を抜《ぬ》くと口《くち》が閉《と》じる**。シロスジヒゲナガハナバチも、このことを知《し》っていて、落《お》っこちないように植物《しょくぶつ》に咬《か》みついたまま眠《ねむ》るのです。

虫紹介

**シロスジヒゲナガハナバチ**
**（白筋髭長花蜂）**

北海道《ほっかいどう》から沖縄《おきなわ》にかけて生息《せいそく》し、オスの触角《しょっかく》が非常《ひじょう》に長《なが》い。地面《じめん》に巣穴《すあな》を掘《ほ》り、花粉《かふん》を集《あつ》めてそこに産卵《さんらん》する。

# アリスアブの幼虫《ようちゅう》の体《からだ》は、昆虫《こんちゅう》に見《み》えない

・・・。
ん？
こんなん
いつからあったっけ？

アリスアブというハエの仲間《なかま》がいます。成虫《せいちゅう》はミツバチのような姿《すがた》で、かわいらしいハエですが、幼虫《ようちゅう》はうってかわって、半球形《はんきゅうけい》というおどろきの姿《すがた》をしています。じつはアリの巣《す》の中《なか》にすみ、巣《す》の壁《かべ》になりきって、アリの幼虫《ようちゅう》や蛹《さなぎ》を食《た》べているのです。アリはその存在《そんざい》に気《き》づかず、知《し》らぬ間《ま》にその「動《うご》く壁《かべ》」に自分《じぶん》たちの幼虫《ようちゅう》が襲《おそ》われてしまいます。

あまりに変《か》わった姿《すがた》なので、初《はじ》めて見《み》た人《ひと》は昆虫《こんちゅう》だと思《おも》わないでしょう。実際《じっさい》、古《ふる》い時代《じだい》、ヨーロッパではナメクジの一種《いっしゅ》として報告《ほうこく》されたことがあるくらいです。とことん不思議《ふしぎ》な姿《すがた》の昆虫《こんちゅう》です。

虫紹介

**アリスアブ（蟻巣虻）**

本州《ほんしゅう》から九州《きゅうしゅう》にかけて生息《せいそく》し、成虫《せいちゅう》はハナバチのような姿《すがた》をしている。幼虫《ようちゅう》はトビイロケアリの巣《す》に寄生《きせい》している。

# ベッコウハゴロモの幼虫《ようちゅう》は綿毛《わたげ》っぽい

ハゴロモという虫《むし》がいます。ハゴロモといえば天女《てんにょ》の羽《は》衣《ごろも》を思《おも》い浮《う》かべることでしょうが、実際《じっさい》にハゴロモと名《な》のつく昆虫《こんちゅう》は、それにふさわしい姿《すがた》をしたものが少《すく》なくありません。とくにそれは幼虫期《ようちゅうき》の姿《すがた》です。

ベッコウハゴロモの幼虫《ようちゅう》などは**植物《しょくぶつ》の綿毛《わたげ》のような姿《すがた》**をしており、その綿毛《わたげ》はじつは**幼虫《ようちゅう》が分泌《ぶんぴつ》したロウソクのようなロウ物質《ぶっしつ》**です。体《からだ》から分泌《ぶんぴつ》したロウ物質《ぶっしつ》は**髪《かみ》の毛《け》が伸《の》びるように成長《せいちょう》し、やがて全《ぜん》身《しん》をおおい**ます。その姿《すがた》は見方《みかた》によっては優雅《ゆうが》で、それで昔《むかし》の学者《がくしゃ》は天女《てんにょ》の羽衣《はごろも》と姿《すがた》を重《かさ》ねたのかもしれませんね。

虫紹介

**ベッコウハゴロモ（鼈甲羽衣）**

成虫《せいちゅう》はその名《な》のとおり茶色《ちゃいろ》と白《しろ》の鼈甲細工《べっこうざいく》のような色調《しきちょう》をしている。さまざまな植物《しょくぶつ》の汁《しる》を吸《す》い、本州以南《ほんしゅういなん》の各地《かくち》にふつうに生息《せいそく》する。

# シロオビアワフキの幼虫《ようちゅう》は、おしっこの泡《あわ》にかくれる

アワフキムシを知《し》っていますか。山道《やまみち》で、植物《しょくぶつ》の茎《くき》に泡《あわ》のようなものがついているのは見《み》たことがあるかもしれませんね。「カエルのつば」とも呼《よ》ばれるそれは、じつはアワフキムシの幼虫《ようちゅう》が作《つく》った巣《す》。巣《す》といってもふつうの巣《す》とはちがいます。**自分《じぶん》の出《だ》したおしっこを後《うし》ろ脚《あし》で泡立《あわだ》てて**、それで全身《ぜんしん》をかくすようになっているのです。これは石《せっ》けんのような成分《せいぶん》で、アリなどの敵《てき》が近《ちか》づくと、**おぼれて死《し》んでしまいます。**アワフキムシ自身《じしん》は、シュノーケルのような呼吸管《こきゅうかん》を泡《あわ》の外《そと》に出《だ》し、そこから呼吸《こきゅう》することによって悠々《ゆうゆう》とくらしています。

虫紹介

**シロオビアワフキ（白帯泡吹）**

北海道《ほっかいどう》から九州《きゅうしゅう》にかけて生息《せいそく》し、成虫《せいちゅう》には白《しろ》い帯《おび》がある。幼虫《ようちゅう》は赤《あか》と黒《くろ》の２色《しょく》模様《もよう》で、泡《あわ》をどけると観察《かんさつ》することができる。

# ヒラタミミズクは、ビフォーアフターがすごい

日《に》本《ほん》の南《みなみ》のほうに行《い》くとヒラタミミズクという昆虫《こんちゅう》がいます。**全身《ぜんしん》が翡翠《ひすい》のような緑色《みどりいろ》**をしていて、美《うつく》しい昆虫《こんちゅう》です。成虫《せいちゅう》はセミのような姿《すがた》をしているのですが、この幼虫《ようちゅう》がじつに面白《おもしろ》い。

背面《はいめん》から見《み》ると1センチほどの楕円形《えんけい》で、**薄《うす》さがなんと1ミリほどしかない**のです。それはもうペラペラ。これで植物《しょくぶつ》の葉《は》にはりついて、自《みず》らの姿《すがた》をかくしているわけです。成熟《せいじゅく》するとそこから立派《りっぱ》な成虫《せいちゅう》が出《で》てくるわけですが、まるで**2次元《じげん》から3次元《じげん》が生《う》まれる**ような不思議《ふしぎ》さがあります。九州《きゅうしゅう》や沖縄《おきなわ》に行《い》く機会《きかい》があったら、葉《は》の表面《ひょうめん》を見《み》て探《さが》してみてください。

虫紹介

**ヒラタミミズク（平木菟）**
九州中南部《きゅうしゅうちゅうなんぶ》から沖縄《おきなわ》にかけて生息《せいそく》し、幼虫成虫《ようちゅうせいちゅう》ともにイヌビワなどにつく。なかなか見《み》つけるのは難《むずか》しい。

# ウラギンシジミの幼虫《ようちゅう》は、花火《はなび》を出《だ》す？

ウラギンシジミというチョウがいます。その名《な》のとおり裏面《うらめん》が白《しろ》みを帯《お》びた銀色《ぎんいろ》で、飛《と》んでいる様子《ようす》は**チラチラと小《ちい》さな白《しろ》い点滅《てんめつ》**のよう。幼虫《ようちゅう》がクズという植物《しょくぶつ》の花《はな》を食《た》べるため、その植物《しょくぶつ》が生《は》える空《あ》き地《ち》でよく見《み》られます。個体《こたい》によって、**幼虫《ようちゅう》の色《いろ》はクズの花《はな》と同《おな》じピンク色《いろ》**をしています。

さらに、この幼虫《ようちゅう》の面白《おもしろ》いところは、刺激《しげき》を受《う》けると、お腹《なか》の後方《こうほう》にある角《つの》から、**花火《はなび》のような形《かたち》の長《なが》い突起《とっき》を出《だ》す**ことです。おそらくこれで敵《てき》をおどろかすと同時《どうじ》に、なにか匂《にお》いを出《だ》して追《お》い払《はら》っているのです。まるでどこか懐《なつ》かしい線香花火《せんこうはなび》のようですね。

虫紹介

**ウラギンシジミ（裏銀小灰）**

モンシロチョウ程度《ていど》の大《おお》きさで、シジミチョウとしては大型《おおがた》。オスにはオレンジ色《いろ》、メスには白《しろ》い模様《もよう》がある。本州以南《ほんしゅういなん》に生息《せいそく》する。

# ゴマダラチョウの幼虫《ようちゅう》は、顔《かお》がウサギみたい

ゴマダラチョウはその名《な》のとおり、白地《しろじ》に黒《くろ》いはん点《てん》をちらし、ゴマをまいたような模様《もよう》をしています。成虫《せいちゅう》は樹液《じゅえき》や腐《くさ》った果実《かじつ》に集《あつ》まり、幼虫《ようちゅう》はエノキの葉《は》を食《た》べることから、里山《さとやま》に多《おお》いチョウでもあります。**幼虫《ようちゅう》は頭《あたま》に突起《とっき》をもち、正面《しょうめん》からみるとウサギのよう**で、なんともかわいい。

最近《さいきん》、チョウマニアが中国産《ちゅうごくさん》のアカボシゴマダラという外来種《がいらいしゅ》を放《はな》ち、それが関東地方《かんとうちほう》で分布《ぶんぷ》を広《ひろ》げつつあります。在来《ざいらい》のゴマダラチョウと同《おな》じような生態《せいたい》をもち、同《おな》じようなウサギ顔《がお》ですが、日本《にほん》在来《ざいらい》のウサギ顔《がお》イモムシがいなくならないことを祈《いの》るばかりです。

虫紹介

**ゴマダラチョウ（胡麻斑蝶）**

北海道《ほっかいどう》から九州《きゅうしゅう》にかけて生息《せいそく》し、白地《しろじ》に黒《くろ》いまだら模様《もよう》が特徴的《とくちょうてき》。成虫《せいちゅう》は昼間《ひるま》の樹液《じゅえき》に集《あつ》まるのが見《み》られる。

# スミナガシの蛹《さなぎ》は、枯《か》れ葉《は》にしか見《み》えない

**ス**ミナガシはタテハチョウの一種《いっしゅ》で、漢字《かんじ》で「墨流《すみなが》し」と書《か》きます。**水面《すいめん》に墨汁《ぼくじゅう》を垂《た》らし、それを布《ぬの》に染《そ》める技法《ぎほう》に由来《ゆらい》する**のですが、まさにその方法《ほうほう》で染《そ》めたかのような日本的《にほんてき》で美《うつく》しい模様《もよう》をしています。このような名前《なまえ》をつけた先人《せんじん》に感服《かんぷく》してしまいます。今《いま》だったらせいぜい「クロタテハ」程度《ていど》の名前《なまえ》になったことでしょう。

ところで、このチョウの蛹《さなぎ》が変《か》わっています。**まるで枯《か》れ葉《は》**のような姿《すがた》で、ご丁寧《ていねい》に**虫食《むしく》いで破《やぶ》れたような丸《まる》い穴《あな》までついています。**これが木《き》の枝《えだ》にぶら下《さ》がっていても、よほどのことがないかぎり虫《むし》だとはわからないでしょう。

虫紹介

**スミナガシ（墨流し）**

本州《ほんしゅう》以《い》南《なん》に広《ひろ》く生息《せいそく》し、幼虫《ようちゅう》はアワブキという木《き》の葉《は》を食《た》べる。成虫《せいちゅう》はすばやく飛《と》び、腐《くさ》った果物《くだもの》やフンなどに集《あつ》まる。

# リンゴコブガの幼虫《ようちゅう》は、抜《ぬ》け殻《がら》を積《つ》み上《あ》げてトーテムポールを作《つく》る

ガはじつに多様《たよう》な生《い》き物《もの》です。日本《にほん》だけでも6000種《しゅ》くらいがいて、その姿形《すがたかたち》もさまざま。幼虫《ようちゅう》は、ケムシやイモムシだけでなく、平《ひら》べったい姿《すがた》で、木《き》の葉《は》の内面《ないめん》にもぐるものもいます。

とくに変《か》わっているといえば、リンゴコブガの幼虫《ようちゅう》でしょう。やわらかく長《なが》い毛《け》をもつケムシで、**脱皮《だっぴ》した頭《あたま》の殻《から》を積《つ》み重《かさ》ねる**習性《しゅうせい》があります。7、8回脱皮《かいだっぴ》するのですが、そのたびに頭《あたま》の殻《から》を重《かさ》ねるので、**最終的《さいしゅうてき》にはかなりの高《たか》さ**になります。まるで**戦国武将《せんごくぶしょう》が戦《せん》利品《りひん》として頭《ず》がい骨《こつ》を飾《かざ》るよう**です。しかし、本当《ほんとう》のところどんな意味《いみ》があるのかは不明《ふめい》です。

虫紹介

**リンゴコブガ（林檎瘤蛾）**

北海道《ほっかいどう》から九州《きゅうしゅう》にかけて生息《せいそく》し、幼虫《ようちゅう》はリンゴのほか、サクラやナラ類《るい》などを食《た》べる。成虫《せいちゅう》は鳥《とり》のフンに擬態《ぎたい》する。

# ムラサキシャチホコは、枯《か》れ葉《は》そっくりなのに、目《め》立《だ》つところにいる

ムラサキシャチホコというガがはねをたたんだ姿《すがた》は、まるでトリックアートのようです。**遠目《とおめ》には丸《まる》まった枯《か》れ葉《は》にしか見《み》えません**。はねの形《かたち》はふつうですが、その**模様《もよう》で丸《まる》まった枯《か》れ葉《は》を演出《えんしゅつ》**しています。

電灯《でんとう》などの明《あ》かりに飛来《ひらい》しますが、**目《め》立《だ》つところにそのまま静止《せいし》している**ことが多《おお》いのが不思議《ふしぎ》です。本来《ほんらい》なら枯《か》れ葉《は》に紛《まぎ》れてこそ効果《こうか》を発揮《はっき》する模様《もよう》なのに、コンクリートの上《うえ》などにいるところをみると、「どこにいても枯《か》れ葉《は》に見《み》えるんだぞ」と**自信《じしん》に満《み》ちあふれている**ようです。ここは、見《み》て見《み》ぬふりをしてやりましょう。

虫紹介

**ムラサキシャチホコ（紫鯱鉾）**

北海道《ほっかいどう》から九州《きゅうしゅう》にかけて生息《せいそく》し、成虫《せいちゅう》ははねを広《ひろ》げると５センチ程度《ていど》。幼虫《ようちゅう》はクルミ類《るい》を食《た》べ、威嚇《いかく》の際《さい》に鯱鉾《しゃちほこ》のようにそりかえる。

# ヨツボシクサカゲロウの産卵《さんらん》の仕方《しかた》が風流《ふうりゅう》だ

「優《う》曇華《どんげ》」という言葉《ことば》を聞《き》いたことがあるでしょうか。仏教上《ぶっきょうじょう》の伝説《でんせつ》で、3000年《ねん》に一度《いちど》咲《さ》く花《はな》のことです。植物《しょくぶつ》と昆虫《こんちゅう》でこの花《はな》を指《さ》す場合《ばあい》があり、昆虫《こんちゅう》ではクサカゲロウの仲間《なかま》の卵《たまご》のことです。植物《しょくぶつ》の葉《は》の裏《うら》などにまとめて産《う》みつけられますが、数《すう》ミリの細《ほそ》い糸《いと》の先《さき》に卵《たまご》がついていて、ちょうど空中《くうちゅう》にいくつかの卵《たまご》が浮《う》いているように見《み》え、なんとも不思議《ふしぎ》であることは確《たし》かです。

なぜこのように産《う》むかというと、幼虫《ようちゅう》は肉食性《にくしょくせい》が強《つよ》く、孵化《うか》してすぐに、そばにある卵《たまご》や幼虫《ようちゅう》を食《た》べるので、兄弟《きょうだい》どうしの共食《ともぐ》いを避《さ》けるためだといわれています。

虫紹介

**ヨツボシクサカゲロウ（四星草蜉蝣）**

水生昆虫《すいせいこんちゅう》のカゲロウとは全《まった》く別《べつ》の昆虫《こんちゅう》。カゲロウは不完全変態《ふかんぜんへんたい》で、クサカゲロウ類《るい》や近《ちか》い仲間《なかま》のウスバカゲロウは完全変態《かんぜんへんたい》をする。

# ヤマトシリアゲのオスは、メスにプレゼントをおくる

クリスマスや誕生日《たんじょうび》、気《き》になる相手《あいて》におくり物《もの》をする人《ひと》は多《おお》いですね。これを求愛《きゅうあい》だといっても否定《ひてい》する人《ひと》は少《すく》ないでしょう。しかし、同《おな》じことをする昆虫《こんちゅう》がいると知《し》る人《ひと》は少《すく》ないはず。

じつは、**シリアゲムシの仲間《なかま》はメスにプレゼントをおくります**。オスは、プレゼントの小《ちい》さな虫《むし》を捕《つか》まえて横《よこ》に置《お》いたり、葉《は》に唾液《だえき》の塊《かたまり》を置《お》いたりして、フェロモンを出《だ》します。そこにメスが来《く》ると交尾《こうび》を開始《かいし》し、その間《あいだ》に**メスは虫《むし》を食《た》べ、無事《ぶじ》に交尾《こうび》を終《お》える**のです。交尾《こうび》が終《お》わるまでに気《き》をもたせるのと、自分《じぶん》の子孫《しそん》を残《のこ》すためメスに栄養《えいよう》を与《あた》えるという意《い》味《み》があるのでしょう。けっこう策略家《さくりゃくか》なのですね。

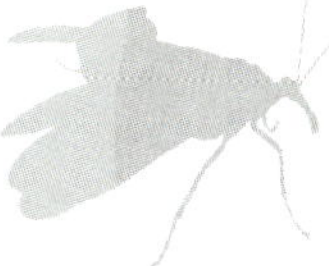

虫紹介

**ヤマトシリアゲ（大和挙尾）**

本州《ほんしゅう》から九州《きゅうしゅう》にかけて分布《ぶんぷ》し、はねに黒《くろ》い帯《おび》がある。この仲間《なかま》は地域《ちいき》ごとに種《しゅ》が分《わ》かれていて、種《しゅ》の区別《くべつ》は容易《ようい》でない。

# ジンガサハムシは、陣笠《じんがさ》の下《した》から外《そと》をうかがう

ジンガサハムシという不思議《ふしぎ》な甲虫《こうちゅう》がいます。小《ち》さいけれど、**金色《きんいろ》に輝《かがや》く非常《ひじょう》に美《うつく》しい昆虫《こんちゅう》**です。ただしこの色《いろ》には水分《すいぶん》が関係《かんけい》しているようで、死《し》ぬと茶色《ちゃいろ》になってしまいます。標本《ひょうほん》には残《のこ》せない色《いろ》なのです。

ジンガサハムシは、陣笠《じんがさ》をふせたような形《かたち》をしていて、頭《あたま》はその下《した》に完全《かんぜん》にかくれ、すき間《ま》から前《まえ》をうかがうようにまわりを見《み》ています。ちょうど**陣笠《じんがさ》の頭《あたま》の上《うえ》にくる部分《ぶぶん》が透《す》けていて、そこから光《ひかり》などを感知《かんち》できる**ようです。空《あ》き地《ち》のヒルガオなどによく見《み》られるので、機会《きかい》があったら観察《かんさつ》してみましょう。

虫紹介

**ジンガサハムシ（陣笠葉虫）**

本種《ほんしゅ》をふくむカメノコハムシ類《るい》はそろって平《ひら》たい円形《えんけい》で、アリなどに襲《おそ》われにくい姿《すがた》をしている。幼虫《ようちゅう》は抜《ぬ》け殻《がら》を腹部《ふくぶ》に背負《せお》う。

# 光《ひか》るミミズが存在《そんざい》する。その名《な》もホタルミミズ

発《はっ》光《こう》する生物《せいぶつ》といえばホタルです。だから、そのほかの光《ひか》る生物《せいぶつ》にも「ホタル」という字《じ》がついていることが多《おお》いですよね。ホタルイカ、ウミホタル、ホタルヒモムシなど。ただし、ガの仲間《なかま》のホタルガは光《ひか》りません。

それはさておき、ホタルミミズという光《ひか》るミミズもいるというのだからおどろきです。グラウンドや側溝《そっこう》を掘《ほ》って、4センチくらいの細《ほそ》くて透明感《とうめいかん》のあるミミズがいたら、確認《かくにん》する価値《かち》はあるでしょう。そのようなミミズをしめったティッシュペーパーなどの上《うえ》に置《お》き、針《はり》の先《さき》などで刺激《しげき》すると、強《つよ》い光《ひかり》を出《だ》すかもしれません。

虫紹介

**ホタルミミズ（蛍蚯蚓）**

小型《こがた》のミミズで、大《おお》きくても4センチ程度《ていど》である。案外《あんがい》身近《みぢか》な種《しゅ》で、畑《はたけ》や公園《こうえん》などでもじつはふつうに見《み》られる。

**トタテグモは、**
**狩《か》りに糸《いと》を使《つか》うのではなく、**
**家《いえ》のドアに使《つか》う**

トタテグモというクモがいます。漢字《かんじ》で「戸建《とた》て」と書《か》き、その名《な》のとおり、巣《す》に戸《と》がついています。巣《す》の本体《ほんたい》は地下《ちか》にあり、坑道《こうどう》を掘《ほ》って、その壁《かべ》を糸《いと》で補強《はきょう》してすみかを作《つく》ります。そして、その入《い》り口《ぐち》に丸《まる》いフタをつけるのですが、そのフタにはちゃんと糸《いと》で作《つく》ったちょうつがいがついていて、まるで戸《と》のように開《あ》け閉《し》めすることができます。

トタテグモは巣穴《すあな》の入《い》り口《ぐち》付近《ふきん》に待機《たいき》し、小《ちい》さな虫《むし》などが通《とお》りかかると、一瞬《いっしゅん》で外《そと》に飛《と》び出《だ》し、巣《す》の中《なか》へそれを引《ひ》きずりこんで食《た》べてしまいます。戸《と》は地面《じめん》とよく雰囲気《ふんいき》が似《に》ていて、獲物《えもの》も気《き》づかないし、人《ひと》が見《み》つけるのもなかなか難《むずか》しいくらい巧妙《こうみょう》なつくりです。

虫紹介

**キシノウエトタテグモ（岸上戸建蜘蛛）**

岸上鎌吉《きしのうえかまきち》という動物学者《どうぶつがくしゃ》にちなんで名《な》づけられた。トタテグモ類《るい》では身近《みぢか》な種《しゅ》であるが、各地《かくち》で激減《げきげん》しているようだ。

虫《むし》いないねー…
んー
そうだねー…

こらむ4

# 毎日《まいにち》どこかで新種発見《しんしゅはっけん》！

私《わたし》たち人間《にんげん》から見《み》ると、昆虫《こんちゅう》はたいがい小《ちい》さい生《い》き物《もの》です。そのため、見《み》つかることなく、どこかでくらしている昆虫《こんちゅう》も当《とう》然《ぜん》います。それが研究者《けんきゅうしゃ》などに知《し》られると、「新種発見《しんしゅはっけん》！」となるのです。

ほ乳類《にゅうるい》は体《からだ》が大《おお》きいので、新《しん》種《しゅ》が見《み》つかることは滅多《めった》にありませんが、昆虫《こんちゅう》の場合《ばあい》、毎日《まいにち》地《ち》球《きゅう》のどこかで新種《しんしゅ》が見《み》つかっています。その数《かず》ざっと計算《けいさん》して、毎年《まいとし》３０００種《しゅ》ほどに上《のぼ》ります。生息環境《せいそくかんきょう》がしっかり残《のこ》っている限《かぎ》り、新種発見《しんしゅはっけん》のニュースは当《とう》面《めん》とぎれることがないでしょう。

ところが残念《ざんねん》なことに、毎日《まいにち》東京《とうきょう》ドーム何個分《なんこぶん》というスピードで、さまざまな昆虫《こんちゅう》がくらしている熱帯雨林《ねったいうりん》が、地球《ちきゅう》のどこかで破壊《はかい》されています。これは、昆虫《こんちゅう》をはじめとする生《い》き物《もの》のその場所《ばしょ》での「絶滅《ぜつめつ》」を意味《いみ》します。この本《ほん》で虫《むし》が好《す》きになったみんなは、これがどんな意味《いみ》をもつのか、自分《じぶん》の頭《あたま》で考《かんが》えてみてください。

# さくいん

この本《ほん》に出《で》てくる虫《むし》たちの名前《なまえ》を、50音順《おんじゅん》にならべてあります。
★印《じるし》は虫《むし》のグループ名《めい》で、
そのグループに入《はい》る虫《むし》をまとめて調《しら》べることができます。
（　）は別名《べつめい》です。

## ア

## カ



## サ

## 丸山宗利＝文

1974年静岡生まれ（生まれただけで東京育ち）。九州大学総合研究博物館准教授。専門分野はアリと共生する昆虫のほか、胸部に突起がついた昆虫ツノゼミの研究にも力を入れている。世界各地を飛び回り、珍しい昆虫を採集。虫の次に好きなのは、スタペリア連（ガガイモ亜科）の多肉植物栽培と東南アジアのコイ科淡水魚飼育だが、趣味と研究の境目が曖昧で、私生活に支障をきたしている。『昆虫はすごい』（光文社）、『きらめく甲虫』『ツノゼミ ありえない虫』(ともに幻冬舎)、など著書多数。

## じゅえき太郎＝漫画

1988年東京生まれ。イラストレーター、画家、漫画家。第19回岡本太郎現代芸術賞入選。入選作品は、出会った昆虫や植物を80枚以上のパネルに実寸大で描いた「ムシトリ」。つなぎ合わせるとさまざまな表情の自然が目前に広がる。身近な虫をモチーフに多くの作品を製作している。twitter で公開している「ゆるふわ昆虫図鑑」は「1日1ネタ」虫の漫画を公開し、現在 SNS フォロワー数は計14万人。著書に『ゆるふわ昆虫図鑑』(宝島社)、『じゅえき太郎の昆虫採集ぬりえ』(KADOKAWA) がある。



STAFF

カバーデザイン　TYPEFACE（渡邊民人）
本文デザイン　TYPEFACE（清水真理子）
編集・文協力　アマナ／ネイチャー＆サイエンス（佐藤暁）

# 昆《こん》虫《ちゅう》戯《ぎ》画《が》 びっくり雑《ざつ》学《がく》事《じ》典《てん》

2018年5月28日　第2刷発行

著　者　丸山宗利　じゅえき太郎
発行者　佐藤龍夫
発　行　株式会社 大泉書店
〒162-0805 東京都新宿区矢来町27
電話　03-3260-4001(代)　FAX　03-3260-4074
振替　00140-7-1742
URL：http://www.oizumishoten.co.jp/

印　刷　ラン印刷社
製　本　明光社

ISBN 978-4-278-08402-3　C8045